青少年心理自助文库
气质丛书

珍 惜

一寸光阴一寸金

侯鹏飞/著

世事沧桑，不过是过眼云烟，转瞬即逝。
拥有一颗珍惜的心，珍惜一切可以珍惜的。

中国出版集团 现代出版社

图书在版编目（CIP）数据

珍惜：一寸光阴一寸金／侯鹏飞著. —北京：现代出版社，2013.11
（2021.3 重印）

（青少年心理自助文库）

ISBN 978-7-5143-1849-4

Ⅰ．①珍…　Ⅱ．①侯…　Ⅲ．①人生哲学 – 青年读物
②人生哲学 – 少年读物　Ⅳ．①B821 – 49

中国版本图书馆 CIP 数据核字（2013）第 273977 号

作　　者	侯鹏飞
责任编辑	刘　刚
出版发行	现代出版社
通讯地址	北京市安定门外安华里 504 号
邮政编码	100011
电　　话	010 – 64267325 64245264（传真）
网　　址	www.1980xd.com
电子邮箱	xiandai@ cnpitc.com.cn
印　　刷	河北飞鸿印刷有限责任公司
开　　本	710mm×1000mm　1/16
印　　张	12
版　　次	2013 年 11 月第 1 版　2021 年 3 月第 3 次印刷
书　　号	ISBN 978-7-5143-1849-4
定　　价	39.80 元

P前言
PREFACE

为什么当今一部分青少年拥有幸福的生活却依然感觉不幸福、不快乐?又怎样才能彻底摆脱日复一日的身心疲惫?怎样才能活得更真实、更快乐?我们越是在喧嚣和困惑的环境中无所适从,越是觉得快乐和宁静是何等的难能可贵。其实,正所谓"心安处即自由乡",善于调节内心是一种拯救自我的能力。当我们能够对自我有清醒的认识,对他人能宽容友善,对生活无限热爱的时候,一个拥有强大心灵力量的你将会更加自信而乐观地面对一切。

青少年是国家的未来和希望。对于青少年的心理健康教育,直接关系到其未来能否健康成长,承担起建设和谐社会的重任。作为家庭、学校和社会,不仅要重视文化专业知识的教育,还要注重培养青少年健康的心态和良好的心理素质,从改进教育方法上来真正关心、爱护和尊重青少年。如何正确引导青少年走向健康的心理状态,是家庭、学校和社会的共同责任。心理自助能够帮助青少年解决心理问题、获得自我成长,最重要之处在于它能够激发青少年自觉进行自我探索的精神取向。自我探索是对自身的心理状态、思维方式、情绪反应和性格能力等方面的深入觉察。很多科学研究发现,这种觉察和了解本身对于心理问题就具有治疗的作用。此外,通过自我探索,青少年能够看到自己的问题所在,明确在哪些方面需要改善,从而"对症下药"。

目标反映人们对美好未来的向往和追求。目标是一个人力量的源泉、精神上的支柱。一个国家、一个民族如果没有远大的、被大多数人信仰的共同目标,就会形同一盘散沙。没有凝聚力、向心力,哪里还谈得上国家的强盛、民族的振兴？一个人如果没有目标，就会失去精神动力，不可能成为高素质的优秀人才。

理想是人生的阳光，希望是人生的土壤。目标与方向就是选定优良种子与所需成长的营养，明确执行的目标，让一个个奋斗目标成为你成功道路上的里程碑，分秒必争地尽快把一个个目标变成现实。再苦再难也要勇敢前进，把握现在就能创造美好未来！

一个没有方向的人，就如同驶入大海的孤舟，不知道自己走向何方，其前景不容乐观。而有方向的人，就如同黑夜中找到了一盏导航灯。方向是激发一个人前进的动力，也是一个人行动的指针。有方向的人能为美好的结果而努力，而没有方向的人只会在原地踏步，一生也只会碌碌无为。迷茫一族应早日做好自己的人生规划，心中有方向，努力才有目标，人生之路才会风光无限。否则，在没有方向的区域里绕来绕去，最终只会走出一条曲线，或绕了一个圆圈又绕回原点。拥有规划，但还要拥有恒心，即使在艰难险阻下，也要朝着自己设定的方向锲而不舍地前行，切不可半途而废，白白浪费自己的时间。

本丛书从心理问题的普遍性着手，分别记述了性格、情绪、压力、意志、人际交往、异常行为等方面容易出现的一些心理问题，并提出了具体实用的应对策略，以帮助青少年读者驱散心灵的阴霾，科学地调适身心，实现心理自助。

本丛书是你化解烦恼的心灵修养课，是给你增加快乐的心理自助术；本丛书会让你认识到：掌控心理，方能掌控世界；改变自己，才能改变一切；只有实现积极的心理自助，才能收获快乐的人生。

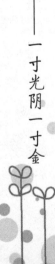

珍惜——一寸光阴一寸金

C目 录
ONTENTS

珍惜——一寸光阴一寸金

第六篇 珍惜拥有的一切

第一篇　对待生活要珍惜知足

　　人的一生，就是一个不断求福、求富、求快乐、求美满的过程。

　　但很多人往往没有意识到自己就生活在天堂里，他们往往对生活过于苛求，整天忙忙碌碌地为名为利，不懂得快意回首，他们总是忙得让自己身心俱累，黯淡了目光，破坏了心情，也就更感受不到人生的乐趣。

　　钱只是人们获得幸福和快乐的一种非常有限的手段，而不是目的。

　　快乐是一种生命的状态，讲快乐就是我们的行为终究要回归到自己，回归到对生命品质的呵护。

珍惜拥有，体会拥有

在一次大地震中，有兄弟俩死里逃生，都是被人从废墟中挖出来的。政府帮他们盖了新房，解决了温饱。哥哥念念不忘已失去的一切，成天念叨着死去的妻子、儿子，还有猪呀鸡呀什么的。弟弟不但失去了妻子、女儿和全部家产，还失去了左腿。但他老在想：我还真幸运，我不愁吃、不愁喝，感谢政府给我盖了新房，感谢上苍给我留下了一条腿和一双手，我能给自己做饭、穿衣，还能帮助他人干点活。

哥哥对失去的东西总是念念不忘，常常把得到的东西抛置一边，整天陷入忧郁痛苦之中，不久便患上了胃溃疡和心脏病，不到三年便病死在医院里。弟弟能珍视自己现有的一切，学会了去享受已追求到的幸福。他虽然失去了一条腿，但他学会了修鞋。当他看到别人穿上他修好的鞋，向他投来满意的目光时，便会情不自禁地对自己说："活着真好！"

兄弟俩遭遇了同样的地震，又同样幸而得救，过着相似的生活。哥哥却对已经失去的东西不能释怀，对拥有的东西视而不见。弟弟不去想失去的东西，只是对现在拥有的心存感激，所以弟弟总觉着自己活得很幸福。

真正感受到幸福的人，不会在意拥有多少财富，不会在意住房大小、薪水多少、职位高低，也不在意成功或失败。**"不要计算已经失去的东西，多数数现在还剩下的东西。"**这个十分简单的数数法，就是体味幸福人生的一种智慧。

在宁夏南部山区有一位还未脱贫的农民，他常年住的是黑咕隆咚的窑洞，却顿顿无虑，早上唱着山歌去干活，又在夕阳落山时唱着山歌走回家。别人都不明白，他整天乐呵什么？

他说："我渴了有水喝，饿了有饭吃，夏天住在窑洞里用不着电扇，冬天热乎乎的炕头胜过暖气，日子过得美极了！"

这位农民能珍惜自己所拥有的一切，从不为自己欠缺的东西而苦恼，这就是他能感受到幸福的真正原因。

其实，我们绝大多数人所拥有的，远远超过了这位农民，可惜被人们自己所忽略。比如，你虽然下了岗，但你有一个和睦的家庭，家中人人健康，无灾无病；你的收入虽说不高，但粗茶淡饭管足管饱，而且绝不受那些富贵病的困扰；你的配偶或许并不出众，但他（她）能与你相亲相爱，真情到老；你的孩子虽然没有考上名牌大学，但他（她）尊敬父母，善待弱小，勤奋工作，知道上进……真的，细想一下，你拥有的东西还有很多，那么你还有什么感到不满足的呢

叔本华说："**我们很少想到我们已经拥有的，而总是想我们所没有的。**"把注意力集中到你所拥有的那些上来，你会发现，你拥有那么多令人难以置信的财富，那些财富远远超过阿里巴巴的珍宝。你愿意把你的两只眼睛卖1亿美元吗？你肯把你的两条腿卖多少钱吗？还有你的两只手、你的家庭……盘点一下你会发现，把你所有的资产加在一起，即使把洛克菲勒、福特和摩根三个家族所拥有的财富都加在一起给你，你也绝不会把现在所拥有的一切就此卖掉。

面对人生，若苦苦去追寻已经失去的，既不能失而复得却只能徒增烦恼和伤感，重要的是珍惜你已拥有的和将要拥有的，这样才能享受生活的馈赠，获得心理上的宁静，由此才能度过一个潇洒的人生。

我们中的很多人总会做着这样的事：昨天刚结清房子的贷款，今天就开始谈论买一幢更大的房子。拥有了不错的，还想要更好的，我们总

珍惜——一寸光阴一寸金

是看到我们所没有的。最后如果我们不能得到我们想要的，我们就会不停地去想我们所没有的，并且会保持一种不满足感。如果有一天得到我们想要的，我们又会在新的环境中创造同样的想法。所以，尽管我们得到了我们所想要的，我们仍会不高兴，因为我们又充满新的欲望，这样我们一直处在对新的欲望的追逐中，怎么也得不到幸福。

人的一生，就是一个不断求福、求富、求快乐、求美满的过程。但很多人往往没有意识到自己就生活在天堂里，他们往往对生活过于苛求，整天忙忙碌碌地为名为利，不懂得快意回首，更不懂得在生活的花园里稍稍停留一会儿，看一看花开花落，听一听莺歌燕语，求得一份心灵上的舒展。他们总是忙得让自己身心俱累，黯淡了目光，破坏了心情，也就更感受不到人生的乐趣。

有一位知道自己将不久就要离开人世的老人在日记本上写下了这段文字：

"如果我可以重新活一次，我会大胆地尝试更多的错误，至少我不会事事追求完美。

"我会多一点时间休息，随遇而安，处世糊涂一点，而不把大量的时间花在算计将要发生的事情上，更不会处心积虑地赢得更多的东西。其实人世间有什么事情值得特别斤斤计较的呢？

"可以的话，我会花更多的时间去旅行，跋山涉水，甚至不惜冒险去那些有危险的地方。以前我怕对自己的健康不利，冰激凌不吃，豆子不吃，鱼也不吃……可是，现在我是多么的后悔，我错过了那么多的美味，只是因为在过去的日子里，我太把自己当成一回事，活得太小心，甚至每一分每一秒都不容有失。现在想来，这样清醒明白的生活缺少了多少的乐趣啊！

如果一切可以重新开始，我会什么都不准备就上街，甚至连纸巾也不带一张。我会不带任何顾虑地享受每一分、每一秒。如果可以重来，我会赤着脚走在外面的草地上，用这个身体好好地感受世界的美丽与和谐。还有，我会去游乐园多玩几圈木马，多看几次日出和日落，和公园里的小朋友玩耍。

"只要人生可以重新开始——但是我知道，这些是不可能的了。"

一位被很多人认为很成功的企业家，临终前说了一句话："我这辈子最大的遗憾是，我有这么成功的事业，事业剥夺了我与亲人相处的很多时间，剥夺了品味生活的很长时间，也等于剥夺了我一辈了的岁月，以至于我的人生成就就少得只有一项'成功的事业'了。"

可是人生如戏，没有彩排。过去了的，一切都不可能再重来，一生最宝贵的是生命，所以应该在活着的时候好好珍惜。而不是一味地去追求完美，追求一些名利上的东西。一位心理学家指出，最普遍的和最具有破坏性的倾向之一就是集中精力于我们所想要的，而不是我们所拥有的。这对于我们拥有多少似乎没有什么不同；我们仅仅不断地扩充我们的欲望名单，这就确保了我们的不满足感。你的心理机制说："当这项欲望得到满足时，我就会快乐起来。"可是一旦欲望得到满足后，这种心理作用却不断重复。

欲望越多，快乐越少，要想快乐起来，就要稍稍停顿一下追逐完美、追逐名利的脚步，好好体味一个拥有的快乐，充分享受我们现在拥有的幸福生活。看看夏雨，听听冬雪，多一些时间给家人，多一些时间给自己，你会发现，你的精神和心灵都经受了一次幸福的洗礼，也会充分感受人生的幸福与美丽。

心灵悄悄话

面对人生，若苦苦去追寻已经失去的，既不能失而复得却只能徒增烦恼和伤感，重要的是珍惜你已拥有的和将要拥有的，这样才能享受生活的馈赠，获得心理上的宁静，由此才能度过一个潇洒的人生。

珍惜——一寸光阴一寸金

与家人共享每一天

　　曾经有一个女孩子跟我说，妈妈死后，她才知道做家务是多么辛苦。妈妈活着的日子，她连衣服都不用洗。

　　当你发现人生无常的时候，你是否为自己拥有的一切而感谢上天？不要以为什么都是理所当然的，我们所拥有的一切都是恩赐。

　　我们有所爱的人，有爱我们的人；有父母的爱，兄弟姐妹、朋友和恋人的爱，这是多么难能可贵。有健康的身体，可以做自己喜欢做的事，吃自己喜欢的东西，这是多么幸福！我们有睡觉的地方，有一个可以歇息的怀抱。每天早上醒来，可以呼吸一口新鲜的空气；可以看到蔚蓝的天空、朝露、晚霞和月光。这一切，原来是人生的美丽。

　　我们有一颗乐观的心，有自己喜欢的性格和外表，有自己的梦想，可以听自己喜欢的音乐，这一切都是恩赐。

　　当我们拥有时，我们总是埋怨自己没有些什么；当我们失去时，我们才想起自己曾经拥有些什么。我们害怕岁月，却不知道活着是多么可喜；我们认为生活已经没意思，却不知道许多人还在生死之间挣扎。什么时候，我们才会为我们拥有的一切满怀感激呢？

　　生活不是缺少美，而是缺少发现，是什么遮住了我们的眼睛？是愤怒是抱怨是贪心是不满，我们总是抱怨生活的不公，让愤怒蒙蔽了双眼；我们总是抱怨我们得到的太少，让贪心驻在我们的心田。但是，你忽略了上天的恩赐，让自己冷静下来。擦亮我们的双眼，让一双没有蒙尘的眼睛去发现；抛却功名利禄，用一颗洁净的心去感触吧。

　　世上没有十全十美的事物，许多事物往往都是"双刃剑"，若只看

到刀刃的面，受伤的永远是自己。 对你拥有的事物表达感激，你会发现，它会一直增加，对生活心存感恩，你就不会有太多的抱怨。

当你将感激之情持久地固定在美好事物之上时，你接受的也将是美好的事物，美好的事物自然就会包围着你。**心存感激将会使你的心和你期盼的事物联系得更紧，心存感激将使你获得力量，使你产生对生活、对美好事物的信念。** 感恩，使我们在失败时看到差距，在不幸时得到慰藉，获得温暖，激发我们挑战困难的勇气，进而获取前进的动力。

感激你所拥有的，你就会更加热爱自己和他人的生命，更加珍惜现在所拥有的一切。心存感激，才能收获更多的幸福和快乐，才能摒弃没有任何意义的怨天尤人。心存感恩，能让我们更加珍惜身边的人和物，让我们渐渐麻木的心发现生活本是如此丰厚而富有，才更能领悟命运的馈赠与生命的激情。你会看到阳光的灿烂，冬雪的缠绵；你会闻到路旁花草的芬芳；你会听到风飞的丝语，树上小鸟的歌唱，马蹄莲花开的声音；你会感受到河流的欢腾，雷雨的奔放，鱼儿的愉悦，以及大自然均匀的呼吸……你感觉一切是那么美好，我们的生命又是多么的神奇。

早上一轮初升的太阳，雨后一片鲜嫩的绿叶，天上一片变幻不定的云彩，一顿可口的饭菜，一夜好睡，一个老朋友的问候……怀着感恩的心情去体验造物主的厚赐，带着新鲜的态度去体会每一点变化的不同，你可以有很多适合自己的方法，把一潭死水变成欢快奔流的小溪。

每天都是恩赐，让我们感谢生活，回报生活，善待我们身边的每一个人、每一枝花、每一棵草，尊重我们身边的每一个灵魂。

一位父亲下班回到家已经很晚了，很累也有点烦，却发现他9岁的儿子靠在门旁等他。

"爸爸，我可以问你一个问题吗？"

"什么问题？"

"爸爸，你一小时可以赚多少钱？"

"你为什么问这个问题？这与你无关。"父亲有些生气。

珍惜——一寸光阴一寸金

"我只是想知道，请告诉我，你一小时赚多少钱。"儿子继续哀求。

"那好吧，如果你一定要知道的话，我一小时赚20美元。"

"噢，"小男孩儿低下头，还是鼓起勇气说，"爸爸，你可以借我10美元吗？"

父亲终于发怒了："如果你这个问题只是为了要借钱去买毫无意义的玩具的话，给我回到你的房间去，好好想想你为什么这么自私。我每天长时间辛苦工作，没时间和你在这玩小孩子的游戏。"

小男孩儿安静地回到自己的房间。

父亲坐下来还在生气。过了一会儿，他平静了下来，想到对孩子可能太凶了，孩子平时很听话，可能是真的想买什么东西。于是父亲走进儿子的房间："你睡了吗？孩子。"

"没有，爸爸，我还醒着。"

"我刚才对你可能太凶了，对不起，这是你要的10美元。"

"真的吗？谢谢你。"小男孩儿一下子从床上坐起来，然后又是从枕头下拿出一些似乎被弄皱的钞票。

"为什么你已经有钱了还要？"父亲又生气了。

"因为这之前还不够，不过现在好了。"小男孩儿很高兴地说，"爸爸，我现在有20美元了，我可以向你买一个小时的时间吗？明天请早一点回家——我想和你一起吃晚餐，好吗？"

父亲的眼泪一下子唰唰地流了下来，他上前把小男孩儿抱在了怀里，说着"好，好"

很多时候我们以为为了家庭我们只要拼命工作，挣足够多的钱，让家里人得到最好的物质享受，就可以了，可我们往往忽略了与家人相处的时光。

家是我们休憩的港湾，家人是我们努力奋斗的精神支柱，而我们往往在奋斗中忘记了我们在家庭中担当的角色，我们还是父母的儿子（女儿），妻子（丈夫）的丈夫（妻子），孩子的父亲（母亲），他们需要的不仅是我们的努力工作，还需要与我们在一起共享天伦的快乐。

尽管一个人应该以事业为重，但不能因为事业而影响了家庭生活。为家人的幸福辛苦奔波是你的义务，扮演好一个家庭成员的角色也是你应尽的职责。

在父母健在的时候做一个好儿子（女儿）。父母是每个人来到这个世界的"缔造者"，他们对儿女的爱总是亘古不变，不求任何回报。所以不要让自己留下"子欲养而亲不待"的遗憾，趁父母健在时常回家看看，不要让父母在晚年觉得孤单，你也同样感受到作为孩子的一种幸福。

关爱你的妻子（丈夫）。从你和心爱的人步入婚姻殿堂的那一刻起，她（他）就成为与你共度一生的人，他（她）和你一起抚养孩子，赡养父母，共同承担家庭责任，她（他）可以说是你同一战壕的战友，你要像爱护自己一样地爱护她（他），也要珍惜你们共度一生的缘分。

照顾好你的孩子。**孩子是你生命的延续，他也正是在你的一言一行中受到熏陶，得到教育，从你身上学习怎么做人。**良好的家庭氛围对一个人品格的养成有着很大的影响。

美国有位专家研究后称，良好的家庭氛围和美满的家庭生活比一个年薪 5 万美元的工作更令人感到幸福。所以，专家建议，在辛苦的工作之余多花些时间陪陪家人，家庭给你精神上的愉悦和幸福比任何重要的工作给你的还要多。因此，一定要记住，家庭是你温暖的港湾，也是你永远的责任。

心灵悄悄话

每天都是恩赐，让我们感谢生活，回报生活，善待我们身边的每一个人、每一枝花、每一棵草，尊重我们身边的每一个灵魂。

人生不能等待

迈克在为工作埋头忙碌过冬季之后，终于获得了两个星期的休假。他老早就计划好要利用这个机会到一个风景秀丽的观光胜地去，泡泡音乐厅，交些朋友，喝些好酒，随心所欲地休息一下。

临行前一天下班回家，他十分兴奋地整理行装，把大箱子放进轿车的车厢里，第二天早晨出发前，他打电话给他母亲，告诉他去度假的主意。母亲说："你能不能顺路经过我这里，我想看看你，和你聊聊天，我们很久没有团聚了。"

"母亲，我也想去看看你，可是我忙着赶路，因为同人家已约好了见面的时间。"迈克说。

当他开车正要上高速公路时，忽然记起今天是母亲的生日。于是他绕回一段路，停在一家花店门口，打算买些鲜花，叫花店给母亲送去，他知道母亲喜欢鲜花。

店里有个小男孩，挑好一束玫瑰，正在付钱。小男孩面带愁容，因为他发现所带的钱不够，差了十元钱。

迈克问小男孩："这些花是做什么用的？"

小男孩说："送给我妈妈，今天是她的生日。"

迈克为小男孩凑足了钱，小男孩很高兴，充满感激地对他说："谢谢您，先生，我妈妈一定会感激您的慷慨。"

迈克说："没关系，今天也是我母亲的生日。"

小男孩满脸微笑地抱着花转身走了。

迈克选好一束玫瑰、一束康乃馨和一束黄菊花，付了钱，给花店老板写下他母亲的地址，然后发动车，继续上路。

车开出一小段路，转过一个小山坡时，他看见刚才碰到的那个小男孩跪在一个小墓碑前，把玫瑰花放在碑上。小男孩也看见了他，挥手说："先生，我妈妈喜欢我给她的花，谢谢您。"

迈克把车开回花店，找到老板，问道："那几束花是不是已经送走了？"

"还没有，先生。"老板说。

"那不必麻烦了，"迈克说，"我自己去送。"

一日千里的忙碌生活和无处不在的竞争压力，渐渐打磨了我们情感的棱角，不知从什么时候开始我们变得疏于表达甚至懒于表达，可对于父母来说，他们对于我们的要求并不高，陪他们聊聊天，说几句贴心的话，陪他们吃吃饭，陪他们喝喝茶，都会让父母备感欣慰。

不由得想起那个从28岁就开始守寡的母亲，带着一双儿女艰难度日，却因怕让孩子受委屈，始终不肯再嫁。直到有一天，儿子长大成人去闯天下，到一座离家很远的城市去发展。母亲不放心儿子，担心是否吃得好、睡得安，很想跟在儿子身边照顾他。可儿子一直盼望着境况能再好一些，那时再把母亲和妹妹接来。为此，还为母亲准备了一套崭新的衣服和一双母亲最爱穿的软底鞋，还有一副老花眼镜，只等待那喜洋洋的团聚时刻。可后来却因为种种原因，错过了一次又一次的机会。

忽然有一天，他接到妹妹发来的电报，母亲因犯心脏病突然去世了。"母亲有心脏病吗？我怎么不知道？早知道……无论如何也要把她接来好好检查身体，可……"当他匆忙赶到并亲手为母亲穿上衣服和鞋子时，那种悔恨刺得他心都碎了。

父母给予子女的爱，永远都是最真、最多也最无私的，而子女回报给父母的，不管多少，都远远不及父母所给予的。所以，孝敬父母，不

珍惜——一寸光阴一寸金

在乎你物质上的给予有多少，不在乎你心里想了多少，而在于你真心去做了多少。

有些事情不能等，在你想做或有能力做得更完美的时候可能已经来不及了，尤其是对待年迈的父母。所以，别再找各种理由了，从今天开始，尽自己的一切努力，用一份孝心来回报父母，让他们在晚年的时候真正享受你所给予的快乐。

心灵悄悄话

一日千里的忙碌生活和无处不在的竞争压力，渐渐打磨了我们情感的棱角，不知从什么时候开始我们变得疏于表达甚至懒于表达，可对于父母来说，他们对于我们的要求并不高，陪他们聊聊天，说几句贴心的话，陪他们吃吃饭，陪他们喝喝茶，都会让父母备感欣慰。

当拥有时要感激

人们头脑里往往有这样的想法：得不到的才是最好的，已失去的才值得永远怀念。在我们的人生中，曾经有过许多美好的幻想，这些幻想可能穷尽一生的努力也不能实现。即使现在所拥有的比所追求的更好，我们也不愿低下头来去看、去爱、去呵护，因为这是人们共有的弱点，直到所拥有的在漠然中失去之后，我们才感到弥足珍贵。

从前有个男孩子住在山脚下一幢大房子里。他喜欢动物、跑车与音乐。他爬树、游泳、踢球、喜欢漂亮女孩子。他过着幸福的生活，只是经常要让人搭车。

一天男孩对上帝说："我想了很久，我知道自己长大后需要什么。"

"你需要什么？"上帝问。"我要住在一幢前面有门廊的大房子里，门旁有两尊圣伯纳德的雕像，并有一个带后门的花园。我要娶一个高挑而美丽的女子为妻，她的性情温和，长着一头黑黑的长发，有一双蓝色的眼睛，会弹吉他，有着漂亮的嗓音。

"我要有三个强壮的男孩，我们可以一起踢球，他们长大后，一个当科学家，一个做参议员，而最小的一个将是橄榄球队的四分卫。

"我要成为航海、登山的冒险家，并在途中救助他人。我要有一辆红色的法拉利汽车，而且永远不需要搭送别人。"

"听起来真是个美妙的梦想，希望你的梦想能够实现。"上帝说。

后来有一天，踢球时，男孩磕坏了膝盖，从此再也不能登山、爬树，更不用说去航海了。因此，他学了商业经营管理，而后经营医疗设备。

他娶了位温柔美丽的女孩，长着一头黑黑的长发，但她却不高，眼睛也不是蓝色，而是深褐色的。她不会弹吉他，甚至不会唱歌，却烧得一手好菜，画得一手好花鸟画。

因为要照顾生意，他住市中心的商业大厦里，从那可以看到蓝蓝的大海和闪烁的灯光；门前没有圣伯纳德的雕像，却养着一只长毛猫。

他有三个美丽的女儿，坐在轮椅中的小女儿是最可爱的一个。三个女儿都很爱她们的父亲。她们不能陪父亲踢球，但有时会一起去公园玩飞盘，小女儿就坐在旁边的树下弹吉他，唱着动听的歌儿。

他过着富足、舒适的生活，却没有一辆红色的法拉利车。他有时还要取送货物——甚至有些货物并不是他的。

一天早上醒来，他记起了自己多年前的梦想。"我很难过"，他不停地对周围的人诉说，抱怨他的梦想没能实现，他越说越难过，简直认为现在的这一切都是上帝同他开的玩笑，他也听不进去任何人的劝说。

最后他终于悲伤得病倒住进了医院。一天夜里所有人都回了家，病房中只留下护士，他对上帝说："记得我是个小男孩时，对你讲述过我的梦想吗？"

"那是个可爱的梦想。"上帝说。"你为什么不让我实现我的梦想？"他问。

"你已经实现了。"上帝说，"只是我想让你惊喜一下，给了你一些没有想到的。我想你应该注意到我给你的：一位温柔美丽的妻子，一份好工作，一处舒适的住所，三个可爱的女儿——这是个最佳的组合。"

"是的，"他打断了上帝，"但我以为你会把我真正希望东西的给我。"

"我也以为你会把我真正希望得到的东西给我。"上帝说。

"你希望得到什么？"他问，他从没想到上帝也有希望得到的东西。

"我希望你能因为我给你的东西而快乐。"上帝说。

他在黑暗中想了一夜，他决定要有一个新的梦想，他要让自己梦想的东西恰恰就是他已拥有的。后来，他康复出院，幸福地住在第 47 层的公寓中，欣赏着孩子们悦耳的声音，妻子深褐色眼睛流露出的温情及精美的花鸟画。晚上，他注视着大海，心满意足地看着外面明明灭灭的灯火。

低下头看一看，幸福或许就在你身边。幸福是需要品味的，否则就会身在福中不知福。品味什么是福：知足常乐是福，平平安安是福，有人牵挂更是福……而在所有的福气中，能够认为自己幸福，并懂得去珍惜，才是最大的福。

所以对于上帝所赐予我们的一切，要学会怀着感恩的心情去接受、去享受，不要随意把手中的快乐丢弃。

心灵悄悄话

在我们的人生中，曾经有过许多美好的幻想，这些幻想可能穷尽一生的努力也不能实现。即使现在所拥有的比所追求的更好，我们也不愿低下头来去看、去爱、去呵护，因为这是人们共有的弱点，直到所拥有的在漠然中失去之后，我们才感到弥足珍贵。

珍惜——一寸光阴一寸金

人生充满遗憾

有个叫伊凡的青年，读了契诃夫"要是已经活过来的那段人生，只是个草稿，有一次誊写，该有多好"这段话，十分神往，他打了份报告给上帝，请求在他的身上搞个试验。

上帝沉默了一会儿，看在契诃夫的名望和伊凡的执着的分上，决定让伊凡在寻找伴侣一事上试一试。

到了结婚年龄，伊凡碰上一位绝顶漂亮的姑娘，姑娘也倾心于他。伊凡感到很理想，很快与这位姑娘结为夫妻。

不久，伊凡发觉姑娘虽然漂亮，但她不会说话，办起事来也笨手笨脚，两人心灵无法沟通，他第一次把这段婚姻作为草稿抹了。

第二次伊凡的婚姻对象，除了绝顶漂亮之外，又加了绝顶能干和绝顶聪明。可是，也没多久，伊凡就发现这个女人脾气很坏，个性极强。聪明成了她讽刺伊凡的本钱，能干成了她捉弄伊凡的手段，在一起他不是她的丈夫，倒像她的牛马、她的器具。伊凡无法忍受这种折磨，他祈求上帝，既然人生允许有草稿，请准三稿。上帝笑了笑，也允许了。

伊凡第三次成婚时，他妻子的优点方面又加上了脾气特好这一条，婚后两人亲热和谐，都很满意。

半年下来，不料娇妻患上重病，卧床不起，一张病态黄脸很快不再显得年轻和漂亮，能干也如水中之月，聪明更是一无用处，只剩下毫无魅力可言的好脾气。

从道德角度来看，伊凡应相守终生；但从生活角度来说，无疑他是相当不幸的。人生只有一次，一次无比珍贵，他试探能否再给他一次

17

"草稿"和"誊写"。上帝面有愠色，但想到试验，最后还是宽容再作修改。

伊凡经过了这几次折腾，个性已经成熟，交际也变得老练，最后他终于选到了一位年轻、漂亮、能干、聪明、温顺、健康、要怎么好就怎么好的"天使"女郎。

他满意极了，正想向上帝报告，不想"天使"竟要变卦，她了解到伊凡是一个朝三暮四、浪荡的男人，提出要解除婚姻。

上帝为难，但为了确保伊凡的试验，未允。

"天使"说："我们许多人被伊凡作了草稿，如果试验是为了推广，难道我们就不能有一次草稿和誊写的机会？"

上帝感到她说得有理，就只好让伊凡也被作为草稿，誊写在外。

满腹狐疑的伊凡，正在人生路上踟蹰，忽见前方新竖起一个路标，是契诃夫二世写的：**"完美是种理想，允许你十次修改也不会没有遗憾。"**

人生不可能完美，生活总留有遗憾，遗憾也同样让你感受到人生的另一种美丽。

陆游的爱情悲剧铸成了"泪痕红浥鲛绡透"的柔肠寸断；李煜的亡国之痛化作了"故国不堪回首月明中"的深深哀愁；泰坦尼克号的故事中就因为有冰海沉船的情节，才让它承载的爱情显得如此凄婉动人。**虽然遗憾总是让人心痛，但也许只有遗憾才是它最适宜的归属。**

因为生命的过程没有草稿，现实的生活也不会给你打草稿的机会；因为季节可以重复，金钱可以重复，错误可以重复，可我们的生命不能重复；因为我们的人生画卷无法更改，亦无法重绘，所以我们要珍惜每一次机会，认真对待每一天，尽量少一些遗憾。

既然遗憾不可避免，我们就应该以坦然的心态去接受、以豁达的心胸去包容，用自己的智慧将遗憾带给我们的痛楚化作舒筋活络的良药，体现一下我们面对遗憾或坎坷的理智与从容。你会发现，不完美是生活的一部分，拥有遗憾的人生有着另一种意义的丰富与充实，它将是带我们进入另一种美丽的契机。

 **心灵悄悄话**

　　因为生命的过程没有草稿，现实的生活也不会给你打草稿的机会；因为季节可以重复，金钱可以重复，错误可以重复，可我们的生命不能重复；因为我们的人生画卷无法更改，亦无法重绘，所以我们要珍惜每一次机会，认真对待每一天，尽量少一些遗憾。

有钱难买我快乐

经济学有一个研究成果：钱只能解决人们 20% 的幸福与快乐，还有 80% 是用钱解决不了的。所以，钱只是人们获得幸福和快乐的一种非常有限的手段，而不是目的。快乐是一种生命的状态，讲快乐就是我们的行为终究要回归到自己，回归到对生命品质的呵护。

钱对人来说，够用就好，生活的真正需要其实很少，并不需要很多，而一生的幸福才是最后的投资回报。离开这个世界的时候，你能微笑着对自己说："我下辈子一定会更好，因为我这一辈子做了很多善事。凡是和我接触的人，凡是和我在一起的人都快乐了、都幸福了。"**人生是拿生命来做投资的，投入这一辈子，最后是否成功，就看死的时候能否笑得出来。**

有一对夫妻感情很好，生活富裕，聪明可爱的儿子在外地的重点大学读书。丈夫在外面开了一家公司，生意红火，他没日没夜地忙碌，很少在家；儿子每逢暑假才回家，因此妻子一个人在家，终日无所事事，日子过得不快乐。

丈夫回到家中看到妻子整天闷闷不乐的样子，想想自己因为工作太忙没有时间陪妻子，想让她快乐地过好每一天，就对她说："你去亲戚、朋友家串串门吧，跟她们聊聊天、打打麻将，你会开心的。不要整天待在家里，会很闷的。以前的生活是围着孩子转，没有自己的生活空间，现在好了，有时间了，要好好利用。"

于是她去亲戚、朋友、邻居家里串门、聊天、打麻将，果然开心了

珍惜——一寸光阴一寸金

一段时间。但是话题聊完了，麻将打腻了，她又变得不开心了。

在家里的这几天，妻子想了好多，她觉得丈夫说得很对，现在要好好规划一下，充分地享受生活，不能再这样浑浑噩噩下去了，要为自己而生活。

于是丈夫回来后她对他说："我想开家花店。这里还没有人开，一定能赚钱。而且我一直很喜欢花，婚前就有过这样的想法，只是一直没有去做。既能赚钱又感兴趣，一定会做得非常好的。"丈夫说："这主意不错，只要是你喜欢就放手去做吧，我支持你！"

花店很快就开张了，妻子每天去花店做生意，她变得忙碌起来了。来买花的人很多，妻子干得很开心，也因此认识了不少人。看着她开心的样子，他也很开心。可是过了几个月，丈夫算了一笔细账，发现妻子根本不是经商的料，她经营的花店不但不赚钱，反倒赔进去不少。

后来有人问他："你老婆的那家花店还开吗？"他说："还开。""是赔还是赚？"他说："赚！""赚多少？"他神秘地一笑。经过再三追问，他才悄悄告诉人家："钱一分没赚到，赚到的是快乐。"

赚到了快乐，也就赚得了整个生命，因为快乐无价。要知道快乐的标准不是由财富决定的，幸福的天平也不是靠金钱来衡量，淡泊名利，忘却世俗，全心全意地做自己喜欢做的事就好。

一个欧洲观光团来到非洲一个叫亚米亚尼的原始部落。部落里有位老者，穿着白袍盘着腿安静地在一棵菩提树下做草编。草编非常精致，它们吸引了一位法国商人。他想：要是将这些草编运到法国，巴黎的女人戴着这种小圆帽和挎着这种草编的花篮，将是多么时尚，多么风情啊！想到这里，商人激动地问："这些草编多少钱一件？"

"10比索。"老者微笑着回答道。天哪！这会让我发大财的。商人欣喜若狂，同时在心里打着算盘："假如我买10万顶草帽和10万个草篮，那你打算每一个优惠多少钱？"

"那样的话，就得要20比索一件。""什么？"商人简直不敢相信自己的耳朵，他几乎大喊着问，"为什么？"

"为什么？"老者也生气了，"做10万顶一模一样的草帽和10万个一模一样的草篮，它会让我乏味死的。"

商人又怎么能理解，在追逐财富的过程中，生命里还有许多金钱之外的许多东西更重要，也许，只有那位看起来荒诞的亚米亚尼老者才真正参悟了人生的真谛。

人生需要金钱，也需要快乐，有了金钱也许会有更多的快乐，但用快乐去换取金钱就可能不值得了。拥有再多的金钱，失去了快乐，那么金钱也就失去了意义。因为快乐是人的天性，开心是生命中最顽强、最执着的律动，我们在工作中收获了快乐，我们的人生也就有了意义。

心灵悄悄话

我们在追求物质的道路上奔跑，是不是已经迷失了自我？我们玩了一大圈，可能已经把自己玩丢了。自己在哪里？家在哪里？好不容易来到这个世界，珍惜过自己的生命吗？当我们离开这个世界的时候，又如何评价自己的一生呢？

珍惜——一寸光阴一寸金

第二篇　一寸光阴一寸金

哲人伏尔泰问：

世界上，什么东西是最长而又是最短的；

最快的而又是最慢的；

最能分割的而又是最广大的；

最不受重视的而又是最受惋惜的？

没有它，什么事情都做不成；

它使一切渺小的东西归于消灭，使一切伟大的东西生命不绝。

答案就是时间，不知道自己到底想要什么，也不知道最重要的是什么，就会把人生中的大好时光都浪费掉。因此，青少年朋友们应该充分地认识到时间的价值。

珍惜时间就是珍惜生命

　　都说时间刻画了生命。其实，并不是这样的。**事实是生命度量了时间**。在我们的日常生活中，习惯用时间来解释生命，比如某某活了多少年，殊不知是生命度过了时间。比如，有很多人在死后，依然"活着"，人的生命是无法与无限的时间抗衡的，时间是虚无的，生命才是实实在在的，毫不吝惜地将实在的生命抛入虚无中，无疑生命的实在被时间的虚无吞噬得无影无踪，也化为虚无。

　　一个人的生命是有限的，所以才显珍贵，而一个人的时间是有限的，所以才令人珍惜。**有限的时间构成了有限的生命**。而时间之于每一个生命都是绝对公平与平等的，这也就是说，每个生命的本质是平等的，没有等级的划分，不因生命所创造价值的不同而有所不同。

　　时间赋予生命内容，同时也会舍弃生命。**时间就好像是一台可怕的机器，它可以摧毁一切的辉煌、壮丽，让所有的一切沉归历史，然后烟消云散**。于是，任何惊人与伟大，在时间面前竟显得如此渺小。然而，时间又可以创造一切，但它和造物主唯一不同的是，造物主给了我们智慧，给了我们选择权，而时间没有，它一去不复返。

　　杨光，某中学初三的班长，学习成绩优秀，多才多艺，一直是老师、同学眼里的宠儿。在家里，他是个好孩子；在学校，他是个好学生；在同学中，是个好干部。他不仅各门功课都很优秀，而且会唱歌、练书法、吹长笛，样样精通。在他的青少年时期，他在黄金般的时光里充实了自己的人生。然而，不幸的是，有一天，他沉迷于网游，整日都泡在网吧里。在虚幻的网络游戏中，他学会了用暴力解决事情。就这样一天天过去了，在一次与校外人员争斗中，因流血过多而身亡。

这是一个令人痛心扼腕的例子。时间可以让一个人空虚与无聊。但却无法阻止一个充实的生命和高尚的灵魂诞生；时间可以让一个人的生命消失，但却无法抹除这个人在世界上所创造的价值。所以，善待自己，珍惜所拥有的一切吧。这样，你才能真正获得有意义的一生。

时间永远流逝，每天都在成为历史，而在已存的人生历史长河中，每个生命却都是短暂的。但是，在如此短暂的生命长河中，有的人是永不沉没的航船，能承载生命，引领未来；有的人能把握现在，做一朵美丽而激情的浪花，展现出生命的意义与风采。**作为新时代的青少年们，想要实现自己有限而短暂的精彩与价值，那就需要我们去珍惜宝贵的时间、珍爱有限的生命、坦诚地生活，尽己所能去创造和实现有意义的人生。**

当一个人呱呱坠地的那一时刻，生命的时钟便已敲响，以后的每一分每一秒都将记录着生命的历程。著名的科学家富兰克林说过："你热爱生命吗？那么别浪费时间，因为时间是组成生命的材料。"任何知识都要在时间中获得，任何工作都要在时间中进行，任何才智都要在时间中显现，任何财富都要在时间中创造。珍惜时间就是在珍惜生命。

时间对于不同的人，意味着不同的结果。对商人来说，时间意味着金钱；对科学家来说，时间意味着知识与探索；对农民来说，时间意味着播种与丰收；对于我们青少年来说，时间意味着成功与希望。我们要做一个真正的勇者，努力地充实自己，从而催促着自己的生命不断向更高境界发展。

古今中外，珍惜时间、珍惜生命的名人很多。因为他们知道：当时间与生命紧密相连的时候，时间的价值是无法估量的。**珍惜生命的每一分每一秒，去学习，去创造，去攀登。让有限的生命创造出无限的价值。**

珍惜——一寸光阴一寸金

26

任何生命都有其逝去的一天，这只是大自然的法则。一个人的生命从开始到停止，犹如茫茫宇宙的一颗转瞬即逝的流星，不管你是否去奋斗，不管你创造价值的大小，它都不会因此而改变。时间对于生命来说，只是充当了无情的刽子手，生命的本身在于同时间做斗争。有的人，面对人生，毫不松懈、奋力拼搏、逆流而上；有的人则被时间推着走，最后迷失方向，沉没于万千淤沙之中。高效率的人，视时间如生命，每一时刻都充满奋斗的精神，深刻理解时间意味着什么；而低效者，总是在抱怨不公中度过那仅剩的有限日子，他们深信生命是有区别的，否认生命所构成的时间是平等的。正所谓，**欲望源于对生命的苛求，对生命的苛求源于对时间的宽容。**

上帝是公平的，他给了每个人同样宝贵的生命、同样宝贵的时间与机会。然而我们之间产生的，却是迥然相异的人生。正所谓"态度决定一切"。中国人民的伟大领袖毛泽东，以气吞山河的宏大气魄，为自己做出了这样的回答："一万年太久，只争朝夕。"那么，作为祖国未来的青少年，就要从现在开始珍惜每分每秒。

心灵悄悄话

一个人的生命是有限的，所以才显珍贵，而一个人的时间是有限的，所以才令人珍惜。有限的时间构成了有限的生命。而时间之于每一个生命都是绝对公平与平等，这也就是说，每个生命的本质是平等的，没有等级的划分，不因生命所创造价值的不同而有所不同。

时间无价

约瑟夫·坎贝尔说:"你知道什么是沮丧吗?那就是当你花了一生的时间爬梯子并最终达到顶端的时候,却发现梯子架的地方并不是你想上的那堵墙。"也许,你看完会觉得它只是一段笑话,但你重新仔细品味的时候,你会发现这段话告诉了我们人生最大的失败,那就是对自己人生的管理上。而**人生就是时间,不知道自己到底想要什么,不知道最重要的是什么,就会把人生中的大好时光都浪费掉**。因此,青少年朋友们应该充分地认识到时间的价值。

在我们幼小的时候,常常会感觉到"时间停下来就不走了!"每一个暑假或某一个假期总是过得那么慢。你会发现"小学的一天就像现在的一星期那么漫长;高三的生活,就像蜗牛爬树一样慢腾腾的,使人觉得好像永远也到不了毕业的那一天。"但有时,你会觉得无论你怎么挤时间也总是不够用,它总是不停地走着,走着;因为时间,当它从存在的那一瞬流逝之后,也就永远离开了你的人生。

对于一个时间观念很强的人,会善于运用时间,这样的人在人生的道路上一定会成功。因为他们知道时间对自己的意义,绝不会在不能给自己带来好处的人和事上浪费一分一秒。他们时时都知道什么才是最重要的,什么才是自己应该去做的。

查理斯·舒瓦普是伯利恒钢铁公司的总裁,他在会见麦肯锡的效率专家艾维·利时说:"我懂得如何管理公司,但事实上却并没有想象的那么好,我想我需要的不是更多的知识,而是更多的行动。"他还说:

"具体应该做些什么，我们自己很清楚。如果你能告诉我怎样才能更好地执行那些计划，我听你的，在合理范围内价钱由你来决定。"

艾维·利听完在一张白纸上写了一会儿，写完之后随即递给他说："我按事情的重要性把六件事给你排了顺序，现在把它放进口袋。明天早晨上班后你首先做第一件事，不要看其他的，只看第一项。直到办完了第一件事，然后用同样的方法做第二件、第三件……直到下班为止。就算你只做完第一件事也不要紧，因为你做的总是最重要的事。"艾维·利还说："如果你每天都这样做，当你认为它确实很好时，你让你公司的其他人也照这样做。你可以做一个月或者两个月或者更久，然后你认为值多少钱给我多少就好了。"

查理斯·舒瓦普与艾维·利的整个见面时间前后只用了半个小时。几个星期之后，艾维·利就收到了一张2.5万美元的支票，还有一封信。舒瓦普在信中表示，从钱的观点来看，那是他一生中最有价值的一课。五年之后，这家当时很少有人知道的小钢铁厂已成为世界上最大的独立钢铁厂。之所以会有这样的成就，其中艾维·利提出的方法功不可没，并且这个方法还为舒瓦普赚得了一亿美元。

从这个故事中我们可以看到，伯利恒钢铁公司总裁查理斯·舒瓦普的确是一个伟大的企业家，但即使是这样优秀的企业家在没有找到优先次序和时间价值的规律前，他的钢铁厂一样不尽如人意。**生活中，我们有许多人都知道时间是很重要的，然而却把时间放在错误的位置上，结果事倍功半。**有人认为，在这个世界上最有价值的无非是金钱，也有人认为亲情、朋友才是最有价值的，但很少有人把时间放在最有价值的位置。

生活中有许多有钱人，但他们事实上却很"穷"，这里所说的"穷"并不仅仅是站在金钱的角度。之所以穷是因为他们总是把钱放在第一位，总是把钱紧紧地抓着不放，以为钱是他们生存的唯一追求，但往往越这样就越"穷"。钱本身其实并没有太大的价值，它只是一种维持人类生存的交易媒介，真正的富人从来不用金钱来衡量价值，而是用时间来衡量价值。

在拥挤的候诊室中，一位老人突然站起身来走向值班的护士，彬彬有礼地说："小姐，我预约的时间是3点钟，可现在已经是4点钟了，我不能再等下去了，请给我重新预约明天下午3点钟！"一边的两个年轻女士低声说："像他这种年纪的人，还能有什么重要的事呀？"但老人的耳朵好像还很好使，他转向她们说："我今年已经87岁了，正因为我到了这把年纪，才不能浪费一分一秒的时间！"老人接着说，"你们还年轻，对时间的感悟还不够深刻，但一旦到了我这把年纪你们就会明白时间是多么重要了。"老人说完，径直向候诊室的出口走去。两位女士似懂非懂地看着老人离去的背影，也许她们已经明白了老人的用意，也许她们还是不懂！

为什么走过了、经历了或快要结束甚至已经结束时你才会明白它的重要性？正如故事中的老人，他最终明白了时间的价值，时间对人生意味着什么，所以才珍惜一分一秒。这个故事也告诉了我们：**时间与生命是息息相关的，善于利用时间的人分秒必争、惜时如金，也只有这样他们才会让自己有限的生命过得更加充实、更有价值。**

青少年朋友们，不要等到来不及时才认识到时间的价值，人生因为价值观的不同决定我们做出何种选择、做出何种行为，如果你不重视时间，你就会像只无头苍蝇一样乱冲乱撞，而这也是对时间的最大浪费。对于青少年来说，时间的三大杀手一般为拖延、犹豫不决、目标不明确，归其原因就是因为没有正确地认识到时间的价值。**如果你已经认识到时间的价值，认识到人生中什么是最重要的，什么价值是需要努力与付出的，那么，相信你已经离成功不远了。**相反，如果你做事总是拖拖拉拉、总是迟迟做不了决定等，那只能说明你没有充分认识到时间的重要性，那你与成功也必将背道而驰。

珍惜——一寸光阴一寸金

所有的成功者都是能够正确把握自己时间的人，他们都能认识到自己的时间对自己的价值，如果你还没有认识到时间的价值，那么就算你掌握再多的时间管理技巧也都是白费，这也就像是你已经走错了路，就算拼命地跑也没用，反而还会离目标越来越远。

心灵悄悄话

对于一个时间观念很强的人，会善于运用时间，这样的人在人生的道路上一定会成功。因为他们知道时间对自己的意义，绝不会在不能给自己带来好处的人和事上浪费一分一秒。他们时时都知道什么才是最重要的，什么才是自己应该去做的。

时间是什么

哲人伏尔泰问："世界上，什么东西是最长而又是最短的；最快的而又是最慢的；最能分割的而又是最广大的；最不受重视的而又是最受惋惜的？没有它，什么事情都做不成；它使一切渺小的东西归于消灭，使一切伟大的东西生命不绝。"

伟大的智者查帝格回答了他的问题：**世界上最长的东西，莫过于时间，因为它永无穷尽；最短的东西也是时间，它在人们所有的计划没竣工的时候就不见了。时间就是这样一个奇怪的东西，让人捉不住摸不着。因此，时间又是一个特快的东西。**

钱花完了，还可以再挣；东西丢了，还可以再买。唯独时间，稍纵即逝，一去不复返，不管你高兴还是忧伤。

时间既是公平又是无情的，不管你是否在合理运用，它都不会停止，永远也不会停止。

当我们在等待时间的时候，时间会很慢；当我们在尽情游玩的时候，时间会很快。这个奇怪的东西，可以扩展到无穷大，也可以分割到无穷小。也许当时谁都不加重视，过后谁都表示惋惜。殊不知，没有时间，什么事情都做不成，然而时间又无法蓄积。

伟大的所罗门王有一天晚上做了一个梦。他梦到一位先圣告诉了他一句话，这是一句非常重要的话，它涵盖了人类的所有智慧，让他高兴的时候，不会忘乎所以；忧伤的时候，也能够自拔，始终保持勤勉，就就业业。然而，遗憾的是，所罗门王在醒来后却怎么也想不起那句话是

珍惜——一寸光阴一寸金

怎么说的了。于是，他召来了最有智慧的几位老臣，把梦境详细地向他们说了个明白，要他们合力把那句话给想出来，并且拿出一枚大钻戒，说："如果能把那句话想出来的话，我就把它镌刻在戒面上，并把这枚戒指天天戴在手上。"讨论了半天，一直没有得到正确的答案。这时，一个大臣说了一句话，让所罗门王直说："对！对！就是它。"这句话就是："这也会过去。"

的确如此，时间是让人忘记一切的灵丹妙药。可是，这个妙药没有保质期。诗人莎士比亚说过："**时间无声的脚步，是不会因为我们有许多事情要处理而稍停片刻的。**"两千多年前，孔夫子也曾望"河"兴叹："**逝者如斯夫，不舍昼夜。**"时间在你洗手的时候，从水盆里过去；在你吃饭的时候，从饭碗里过去；在你默默的时候，时间便从你凝然的双眼前悄然而流逝。时间是无法蓄积的，当你伸出双手去遮拦时，它会从你的指缝中过去，即使你为此而叹息，它也会在你的叹息里闪过。

时间还是一个无弹性、无法取代的东西。在规定了时间的情况下，让你完成某项任务，这时你会感觉到时间似乎比平时快了好几倍；而当你被要求在一定的时间内保持某个身姿不动的时候，这时你会觉得时间过得非常非常的慢，到后来就根本没信心，真是度日如年啊！是的，时间就是这样的。不是说你让它快它就快，让它慢它就慢，有时甚至觉得它在和你唱反调，你要它快，它偏要慢；你要它慢，它偏要快！

在非洲，有一个名叫时间的富人。他除了拥有无数的各种家禽和牲畜外，还有无边无际的田地，上面种了所有世界上能种的粮食作物，他家的谷仓里装满了粮食，家里还有一箱又一箱的珠宝。时间还是一个乐善好施的人，他把牛、羊、衣服送给穷人，这更使他成为一个家喻户晓、扬名世界的名人了，甚至有人在传说，没有看见过时间富人的人就等于没有生活过。

为了好好地管理自己的国家，让人们也都能过上好日子，其他各国不断地派遣使者来，就为了看一看这位时间富人是怎么生活的，样子是怎样的，回国后好对百姓说。

有一年，有个部落准备派出使者去向富人问好，随同的还有舞蹈家、歌手、演员。临行前，这个部落的人对前去观摩、学习的使者说："你们到时间富人的国家去，要想方设法见到他，看看他是否像传说中的那么富有、那么慷慨。"

这些使者们行走了好多天，好不容易到达了时间富人所居住的国家。在进城的时候，遇到了一个瘦瘦的、衣衫褴褛的老头正在城门口坐着休息。于是，使者们上前问："听说这里有一个叫时间的富人，请问他住在哪儿？"老人忧郁地回答："你走进城里面，人们就会告诉你的。"说完，他跟在使者们的后面进了城。

使者们向市民们问了好，说："我们来看时间的，他的声名也传到了我们部落，我们很想看看这位神奇的人，准备回去后告诉同胞。"这时，有人说："时间就在你们的身后啊，他就是你们要找的时间富人！"使者们顺着他指的方向看过去，只见是刚才遇到的那个又瘦又老、衣衫褴褛的老乞丐，一时惊呆了，他们不敢相信自己的眼睛。老人看出了他们的疑惑，说："是的，我就是时间，过去我是最富的人，我现在变成了最穷的人了。"使者点点头说："是啊，生活常常这样，但我们怎么对同胞说呢？"老头想了想，答道："你们可以这样说：'记住，时间已不是过去那个样子！'"

不管快和慢，时间过去了就不会回来了。时间只是一种代号，但其意义非常重大！作为青少年朋友们，一定要好好地珍惜时间！虽然对过去的时间无可奈何，但无奈也没什么用，把现在的、未来的时间好好把握住，努力地充实自己，从而让自己的每刻时间都印上生命的足迹，这才是最有意义的事情。

在没有生命的宇宙角落里，时间是毫无意义的，或者说时间是停滞的。对于一块在房前小路旁的石头来说，今天还在重复昨天的故事，而

珍惜——一寸光阴一寸金

昨天相对百年前的某天，于它又何异？但是，对人，它却有着不同的重要意义，因为昨天的你，和此刻经过它身边的你就不再是同一个你了。因此，时间永远是无法取而代之的。

心灵悄悄话

　　钱花完了，还可以再挣；东西丢了，还可以再买。唯独时间，稍纵即逝，一去不复返，不管你高兴还是忧伤。时间既是公平又是无情的，不管你是否在合理运用，它都不会停止，永远也不会停止。

和时间赛跑

　　人生有限，必须十分珍惜时间。克雷默说："当心你的时间是怎么样花掉的，因为你的整个未来都要生活在时间里面。"人生是由我们在世上拥有的有限时间构成的。**作为肩负未来的青年人，应该把时间精力都投入学习之中，因为时间对我们来说，一秒钟就是一个概念，一分钟就是一页书，一刻钟就是一道题，一小时就是一张考卷。**所以，不要让时间从点击鼠标轻敲键盘的手指间溜走，不要让时间从放纵的谈笑打闹中溜走，不要让时间从发呆的眼前、瞌睡的后背上溜走……

　　时间对每个人来说都是宝贵的。青少年正值青春年少时，应珍惜眼前的大好时光，把握有限的时间来努力学习，以名人惜时惜秒为榜样，努力学好文化科学知识，为祖国为人民做出自己应有的贡献。请记住：一寸光阴一寸金，寸金难买寸光阴。机不可失，时不我待！同学们，珍惜时间吧！

　　自古以来，凡是取得一定成就的人，都是懂得珍惜时间的人。

　　我们都知道，伟大的发明家爱迪生，一生有 1000 多种发明，正是他抓住分分秒秒进行研究实验的结果。爱迪生几十年如一日，每天工作十几个小时，其中单是寻找什么材料来做灯丝，就做了 1000 多次实验，有时甚至在实验室里一连工作几十个小时。正是他这种争分夺秒的工作精神，使他创造出了这么多的价值。

　　还有伟大的文学家鲁迅先生，也是珍惜时间的典范。在鲁迅的一生中，写下了数百篇优秀文章，他靠的是什么呢？难道是天生的人才吗？

珍惜——一寸光阴一寸金

不！鲁迅先生自己给我们做出了最有力、最响亮的回答："哪里有天才，我是把别人喝咖啡的时间都用在工作上。"

伟大的数学家陈景润，为了攻克数学难题——歌德巴赫猜想，他夜以继日、废寝忘食，仅仅是演算的草稿纸就有几麻袋。在他的不懈努力下，终于证明了这道古今中外都未证明的难题，摘下了数学王冠上的明珠。

人生易老，人生苦短。正如庄子所说："**人生天地间，若白驹过隙，忽然而已。**"诗仙李白感叹："**恨不得挂长绳于青天，系此西飞之白日。**"一个人要想有所成就，有所贡献，就必须珍惜时间，努力学习，努力工作。

我们身边的人，有人在拼搏，也有人在消磨；有人在开拓，也有人在蹉跎；有人在分秒必争，更有些人在虚度年华。时间是最公平的，它会给勤奋者留下智慧和力量，给懒惰者留下空虚和懊悔。

有句话说得好："**少壮不努力，老大徒伤悲。**"其实，就是在警告人们：从青少年起，就应该要多学一些知识，多做几番事业，不要等到人老岁大时，才因为自己虚度光阴、浅见无知而伤感悔恨。

时间就是金钱，但是时间却比金钱更宝贵。金钱虽然宝贵，却可以储存起来，而时间却无处可存，无处可取；金钱花掉了，可以再赚回来，而时间浪费了，却像流水一样一去不回；金钱的浪费可以用几十、几百、几千来计算，而时间的浪费却无影无形，无法估价！

浪费别人的时间等于谋财害命，浪费自己的时间等于慢性自杀。以现代的医疗条件，以 80~90 岁为计算标准，再折算为天的话，人一生也就大约 3 万余天。而在 3 万余天中，除去你已用去的和其他需要的时间，你还剩下多少天呢？真正用在学习上的时间其实是少之又少的。

柯维曾在大学课堂上做过一个"震撼人心"的实验，即要求学生假定只剩一学期的生命，该如何好好把握这最后的学习机会。这个实验为许多学生的人生上了重要的一课，通过这番省思，学生们有了不少新的感受和发现。他们把时间缩短为一周，从这个角度来检讨自己，并用写日记来记下心得。结果，有人开始给父母写信，表达对父母的爱；有人则与感情不睦的手足和好，实在发人深省。其实青少年，你自己不妨也做一下上述实验，在心底演述一下，看看你会如何想，如何做。你做哪些重要的事情，如何安排时间完成最多的工作，这些都能帮助你把你最应该做的事情做好。

时间一去不复返，我们要珍惜时间，要和时间赛跑。

时间，它一步步、一程程，从不停歇，永无返回。这如同人的生命历程，从婴孩幼儿到青春少年直至壮年、老年，绝无再回日。台湾著名的散文家林清玄先生，在他的一篇著名的散文《和时间赛跑》中，通过奶奶的去世、爸爸的谜语等把时间和人的生命紧紧地联系在了一起，给人一种非常强烈的感受——我们有限的生命正在随时间而逝去。而林清玄先生在他有限的一生里，和时间赛跑，他快跑几步，受益匪浅，取得成功，增加了生命的厚度。

人生短暂，生命每一秒都在消失。我们要做的，是在短暂的生命里寻找永恒。这一永恒，便是知识。珍惜每一分，每一秒，积聚起来便可以有无穷的作用！青少年正处于朝气蓬勃、风华正茂的时期，有的是青春，有的是理想，有的是奋斗和拼搏的勇气，那么拿出你们的全部力量，思索人生，创造未来，开拓进取！

一个人应该在有生之年，特别是从青少年起，珍惜属于自己的时间，让生活过得充实有意义，对社会做出应有的贡献。**人生苦短，匆匆几十年一晃而过，是要碌碌无为，还是顶天立地，全在一念之间。**对于青少年来说，唯有把握时间，努力学习，才会在短暂的生命中找到永恒！

时间就是生命，时间就是速度，时间就是力量。有时候，速度就决定了成功。所以，作为祖国未来的青少年，要把速度的概念根植于心

珍惜——一寸光阴一寸金

中，提高速度，提高成功的概率。虽然时间的"量"是不会变的，但"质"却不同，关键时刻在于一秒值千金。

举世闻名的德裔美国科学家、现代物理学的开创者和奠基人阿尔伯特·爱因斯坦，在对速度的认识方面给了我们重要的启示：$E = MC^2$，这也就是伟大的爱因斯坦著名的质能公式：能量等于质量乘以速度的平方。虽然是物理学的公式，但它同样说明了成功学中关于"时间"的一个重要原理。这也就是说人与人在质量、能力（智商）上的差别是很小的，即"M"基本是个"常数"。因此，人发出的能量（成功），就取决于其速度（C）。

时间就是胜利，赢得时间也就赢得了成功。

在一家非常大型的公司里，急需一位营销部经理。老板决定从两位平时表现都非常优秀的员工中选拔。然而通过一番详细的调查和了解后，发现两个人水平旗鼓相当，难分高低，老板一时感觉为难，举棋不定。一天老板正在为这事犯愁，这时一个想法突然闪过他的脑海。他叫秘书和他同时打电话给两位员工，要他们到他的办公室来，放下电话，他开始计时。结果发现，两位员工从同一个办公室走到他的办公室里，一位用了 70 秒；另一位则用了 100 秒。于是，老板立刻决定，让前者担任营销部经理。第一位同事是幸运的，仅仅因为 30 秒的时间，就赢了。其实，生活就是这样，有时在通往成功的道路上，只是你比别人快了 30 秒，而这 30 秒恰恰就能决定一切！

如今的社会，竞争无处不在。**其实，竞争的实质，就是在最快的时间内做最好的东西。**人人都想要成功，成功其实也很简单。正如人生最大的成功，就是在最短的时间内达成最多的目标。盛田昭夫说："如果你每天落后别人半步，一年后就是一百八十三步，十年后即是十万八千里。"质量是"常量"，经过努力人人都可以做好以至于难分伯仲；但是时间不同，时间永远是"变量"：一流的质量可以有很多，而最快的冠军只有一个——任何领先，都是时间的领先！我们慢，不是因为我们不快，而是因为对手更快。

在竞赛中，以快取胜；在搏击中，以快打慢；在军事中，以先下手为强。赢得了速度，也就赢得了商机。

如今，商战也已从"大鱼吃小鱼"的模式变为了"快鱼吃慢鱼"的形式。跆拳道要求心快、眼快、手快，两人对决比的就是一个"快"字；中华武学一言以蔽之，百法有百解，唯快无解！大而慢等于弱，小而快可变强，大而快王中王！快就是机会，快就是效率，快就是瞬间的"大"，无数的瞬间构成长久的"强"。

在辽阔的非洲大草原上，每天当曙光刚刚划破夜空、太阳刚要升起的时候，就是非洲大草原上的动物们开始奔跑的时候了。

其中一只羚羊从睡梦中猛然惊醒。"赶快跑！必须跑得快点，再快点。"它想到，"如果慢了，就可能被狮子吃掉！"

于是，起身就跑，向着太阳飞奔而去。

就在羚羊醒来的同时，一只狮子也惊醒了。"赶快跑！必须跑得快点，再快点。"它想到，"如果慢了，就可能会被饿死！"于是，起身就跑，也向着太阳飞奔而去。谁快谁就赢，谁快谁生存。

一只是自然界兽中之王，另一只是食草的羚羊，等级差异，实力悬殊，但生存却面临同一个问题——如果羚羊快，狮子就饿死；如果狮子快，羚羊就被吃掉。

在我国，成长速度最快的蒙牛公司，就是因为把狮子与羚羊速度的故事根植于每一个蒙牛员工的灵魂深处。特别是面对充满机遇与挑战的今天，人与人之间的竞争，不仅是实力的竞争，更是行动速度、效率的竞争。无论你是狮子，还是羚羊，这其实并不重要，因为狮子不一定会赢，羚羊也不一定会输。重要的是：知道自己如何去赢，即如何利用速度来提升自己的利益。

所以，重要的不是你是狮子还是羚羊，而是每天太阳出来的时候，你最好努力地以最快的速度向前跑。同样，**作为一名学生，无论你是一般生还是优等生，你都必须努力"向前跑"，否则就会退后，就会像速度慢的羚羊一样被吃掉。**

贝尔在研制电话时，另一个叫格雷的也在研究。

1876 年 2 月 4 日这一天，贝尔的电话研究取得了成功，并为之申请了专利，内容就是可以传送声音的机器，名称是"音频电报"。

然而，在贝尔申请专利 2 小时以后，又有一位著名的科学家来到专利司，也打算为自己的研制成果——电话申请专利，这位著名的科学家就是格雷。

可是，他却失败了，只因为他比贝尔晚了两个小时而已。

两个科学家同时取得突破，但结局却是有的人赢了，有的人却输了，差别只有两个小时。当然，贝尔和格雷在当时是不知道对方的，但贝尔就因为 120 分钟而一举成名，誉满天下，同时也获得了巨大的财富。谁快谁赢得机会，谁快谁赢得财富。无论相差只是 0.1 毫米还是 0.1 秒钟——毫厘之差，天壤之别！

关键时刻，一秒决胜负。在竞技场上，冠军与亚军的区别，有时小到使我们的肉眼无法判断的地步。

比如，短跑，第一名与第二名有时相差仅 0.01 秒；再如赛马，第一匹马与第二匹马相差仅半个马鼻子（几厘米）……

但是，虽是这小到不能再小的差别，冠军与亚军所获得的荣誉与财富却相差天地之遥，全世界人们的目光永远只会聚焦在第一名的身上。只有冠军才是真正的成功者，除了第一名之外，后面的全都是输家。

青少年处在学习科学文化知识的关键时期，努力学习知识为自己的将来做好充分的准备。

　　人人都渴望成功，然而，在同样的老师教育下，在同样的环境下学习，学习是否突出，关键在于自己的效率是否够快。

心灵悄悄话

　　人生易老，人生苦短。正如庄子所说："人生天地间，若白驹过隙，忽然而已。"诗仙李白感叹："恨不得挂长绳于青天，系此西飞之白日。"一个人要想有所成就，有所贡献，就必须珍惜时间，努力学习，努力工作。

珍惜——一寸光阴一寸金

懂得节省时间

　　一个懂得节省时间的人，才会好好地利用时间。生活中，有很多人都在有意或无意地浪费时间，通常表现在，一是对生命没有紧迫感，对时间不够重视，没能养成遇事马上做，日清日新的好习惯，总把今天的事情推到明天，以至于**"明日复明日，明日何其多；我生待明日，万事成蹉跎。世人苦被明日累，春去秋来老将至"**。到头来，只能让懒惰、拖沓，虚度美好年华，闲白了少年头。二是不懂得科学利用和管理时间的方法和技巧，低效率进行重复的劳动和学习，最终成效浅薄，直至"累死"。

　　在人的一生中，时间的节约是最大的节约。特别是青少年，如果不懂得利用时间、节约时间，待他想勤奋学习时，却又为无时间学习而烦恼了。

　　在大多数情况下，时间不是整个钟头浪费的，而是在我们不知不觉中，一分钟一分钟浪费的。只要我们把这一分一秒的时间都利用起来，就是一笔强大的资源。比如，如果你知道你将会有等待的时间，那么就选择做好准备去填充那些等待的时间。

　　张强是某中学初二的学生，由于平时喜欢读小说，语文成绩一直都很好。可是，他的其他课程并不理想，有时候甚至还挂红灯。在平时，他把所有的时间都用在读武侠小说上，不是读金庸就是读古龙。上课看，下课看，晚上看，一天几乎所有的时间都在看。很快地，他的各门功课相差悬殊。读小说固然是好，但不可沉溺其中，可以把阅读的范围扩大，读一些中外名著、报纸等对学习有益的书籍，应把时间花在该花的地方上。

青少年朋友们，时间就是生命，应具体地计划时间，提高效率。大家可以从以下几个方面做起：

计划时间提高效率：

第一，花时间来分析你的起始点。

一个没有起始点的人，就像一个无从规划自己航程的掌舵人，即使拥有了地图和指南针，仍然会无可奈何地迷失方向。所以，只有当你明确知道自己现在所处的位置时，地图和指南针才能发挥作用。分析自己的起始点，就是要你分出时间，对自己做一个正确的认识和评价，对自己有了一个全面的了解，才能根据自己的现实进行目标的确立和人生的规划。

第二，花时间制定明确目标。

目标，是一个人前进的方向，是梦想的终点。目标能最大限度地聚集你的资源，特别是时间。因此，只有目标明确，才能最大限度地节约时间。爱默生说："用于事业上的时间，绝不是损失。"人生的道路，存在着时间与价值的对应关系。有目标，一分一秒都是成功的记录；没有目标，一分一秒都是生命的流逝。

第三，花时间把自己的目标写下来，并问自己为什么要实现这个目标。

书写目标不是在浪费时间。当你在进行目标的书写时，你的思维活动会在记忆中产生一种不可磨灭的印象，它告诉你的潜意识：这是真的。只有把你的目标明确地记录了下来，你才会更加明确地知道了实现这个目标的理由或好处。另外，这样做还有助于发现、认识目标的必要性和重要性，从而增加实现目标的紧迫感，获得深刻的趋动力。

第四，花时间设法使自己的注意力集中。

一个人，如果注意力不集中，他将无法真正进入学习的状态。这是因为即使你挤出时间来学习，如果注意力不集中，学习效率不高，学到的东西进入脑子中也不会牢固，而且又浪费了大量的宝贵时间；没有学到知识的话，那更是时间的一种浪费。

古往今来，很多成功人士哪个不是注意力集中的？牛顿由于在思考问题，把怀表当成鸡蛋放到油锅里煮；陈景润忙于演算，把演算结果写到结账簿里去了，居然不知道哪天是过年，哪天是过节。正是由于他们的注意力集中，这些名人才做出了在有些人的心目中谓之"傻"的事情来。而一个人即使能千方百计挤出时间来学习，注意力不集中，也得不出好成果。一个人只有使自己的注意力集中了，才能做出成绩。

第五，花时间寻找出问题或障碍的最佳解决办法。

有时，问题的解决办法不止一种，能想到的办法不一定就是最好、最有效的。所以，花些时间进行思考，寻找出解决问题的最佳途径，使问题得以顺利解决。

对于一个会利用时间的人来说，时间是永远都用不完的。因为他懂得投资时间，懂得花一点时间把事情的轻重缓急弄明白，懂得投资时间就是在节省时间、利用时间。青少年朋友们，有时候大家需要花点时间来反省自己，进行学习和生活的总结。

有一个年轻的伐木工人，在第一天因为斧头锐利，而且身强力壮、精神奕奕，一下子就砍了 10 棵树；第二天，他一样地努力工作，但只砍了 7 棵树；第三天，他想努力赶上前两天的活，但只砍了 6 棵树；又过了一天，数目减少为 5 棵树。到了第五天，他只能砍倒 3 棵树，而且在黄昏之前就觉得精疲力尽。他很不解，就问一边干活的老人。老人问他："你为什么不停下磨一磨你的斧头呢？"他回答："我没时间，而且一停下来就又会耽误很多时间。"殊不知，花那一点时间，是为了节省更多的时间，提高效率，做更多的事情。

　　正如俗话所说："**磨刀不误砍柴功。**"磨斧头虽然开始牺牲的是时间，但是可以节省更多的时间。广大的青少年们一定要记住，这个世界上根本不存在"没时间"这回事。"**时间就像海绵里的水，是挤出来的。**"只有懂得节省，你才能有时间。古往今来的有成就的名人学士。哪位没有想方设法节省时间来学习？只有节省时间，你才能更好地学习；只有节省时间，你学习又好，身体又壮。节省时间，乃是成功学士的秘诀之一。

　　现在有很多人认为，反省自己简直是在浪费时间。其实并不是这样的。**反省是种学习能力，反省的过程就是学习的过程。**通过自我反省，努力寻求解决问题的方法，从中悟到失败的教训和不完美的根源，全力做出纠正，就可以避免日后再犯此类错误，反而能节省解决问题的大量时间。另外，勇于面对自己，正视自己，反省自己的一言一行，对自己进行严肃认真的自我解剖，严格地自我批评，能及时地改正自己的过错，把过失和错误消灭于萌芽状态，节省处理更大麻烦的时间；反省亦可以去除杂念，对事物有清晰、准确的判断，理性地认识自己，并提醒自己改正过失。**不反省不会知道自己的缺点和过失，不悔悟就无从改进自己的学习或者是工作。**

　　总之，不论国家或个人，想要让自己的时间更多些，就要学会反省自己的思想和行为。成功学专家罗宾说："我们不妨在每天结束学习时，好好问自己下面的这些问题：'今天我到底学到些什么？我有什么样的改进？我是否对所做的一切感到满意？'如果你每天都能改进自己的学习效率，必然能够如愿实现自己的人生理想。"

不要因为"太忙"而没时间完成自己的工作为自己找理由、找借口了。在这个世界上还有很多人，并没有比你拥有更多的时间，甚至有的比你更忙，但是，他们却能完成更多的工作。其实关键就在于，他们懂得更好地利用自己的时间，懂得"花时间来节省时间"这个大道理。

心灵悄悄话

在大多数情况下，时间不是整个钟头浪费的，而是在我们不知不觉中，一分钟一分钟浪费的。只要我们把这一分一秒的时间都利用起来，就是一笔强大的资源。比如，如果你知道你将会有等待的时间，那么就选择做好准备去填充那些等待的时间。

抓住偷走时间的"贼"

相信不少人，甚至于青少年都有这样的经历：一天到晚似乎总是忙忙碌碌，感觉时间总是不够用，但是到了晚上一清点，却往往发现有很多计划好的事情都没有完成，忙碌的一天似乎没有什么效果。时间是最具有伸缩性的东西——它可以一瞬即逝，也可以发挥最大的效力。**对于正处于青春期的青少年们来说，时间就是潜在的资本。**

其实，一个好的工作者要很好地完成工作就必须善于利用自己的工作时间、学习时间。**没有时间，计划再好，目标再高，能力再强，也是空的。**时间对于我们任何一个人来说，都是非常宝贵的。上天是公平的，它给每个人每天的时间都是相同的，不多一秒也不少一秒钟。那么，对于时间老是觉得不够的你，你的那些时间到底花到哪里去了？又是谁偷走了你的时间呢？

在人们的日常生活中，有很多的时间窃贼每天都在窥视着你的宝贵时间，并不时下手偷走它。尤其是一些青少年，整天在无忧无虑的生活中消尽自己的生命。

亮亮放学回到家，就像一阵风似的冲进书房坐在了电脑面前上网冲浪。他全神贯注地盯着电脑，眼睛一眨也不眨，两只手在键盘上"嗒、嗒、嗒"敲个不停，并且嘴里一会儿叫"哇塞，这盘赢了！"一会儿又叫"唉，唉！真倒霉，这盘输了！"……在他全身心投入，玩得全神贯注的时候，妈妈的声音传来了："宝贝，别玩了，你该做作业了哟！"亮亮此时兴头正起，哪里听得进妈妈说的话，他只当耳边风吹了过去。

时间很快过去了，妈妈又叫了起来："亮亮，六点半了，该吃饭了！"肚子正叫个不停的亮亮听到妈妈喊吃饭了，只得放下电脑，先去吃饭。亮亮看了看菜，没什么好吃的，于是，他把汤倒进饭里，拌一拌，就狼吞虎咽地吃了起来，很快就倒进了肚子里。亮亮又回到了电脑前继续玩，就这么一直玩，妈妈在忍无可忍的情况下，把电源插销给拔了，而这时已经是晚上九点钟了。直到这时，亮亮才想起还有许多作业没有做，一直恶补到晚上十一二点钟，刚过十一点，他硬撑着，可写着写着头就倒下了，再也抬不起来……

第二天，要交作业了，亮亮低着个头，脸通红通红的。

这是一个因上网玩游戏浪费时间的典型例子。生活中，像这样的例子还有很多。因此，青少年朋友们一定要注意下面的生活行为。

1. 不要总拖拉不决。

拖拉不决基本上是一种"不愿意去面对"的逃避方式。"计划"如果只是停留在计划就永远不能成为现实，重要的是要着手去做。一旦起步了就会发现其实坚持下去并不太困难。犹豫、挣扎、不愿意只会造成时间的浪费，而财富等一切也就跟随着流逝的时间从你的身边悄悄地离开了！

2. 不要乱放东西。

平时养成将经常需要用到的工具或材料放在手边很方便就够得到的地方，而不需要去寻找。比如，小张老是乱放东西，因此，当他急需某样东西时，常常找不到。一会儿翻到这里，一会儿翻到那里，浪费了不少时间。

3. 不要让自己时常情绪不佳。

不佳的情绪会让你花更多的时间去抱怨问题，而不是积极地寻找解决的方法，严重影响学习的效率。所以，青少年们要学会调节自己的情绪，让自己能一直保持愉快的心情。

4. 不要总有一些消极思维。

"近朱者赤，近墨者黑。"如果周围有很多思考问题消极的人，一来，往往需要你花费大量的时间去听他们的抱怨，而不能专心工作；二来，他们的这种消极的思维方式会传达给你，从而影响到你。

5. 不要看一些无聊的电视。

电视要有选择地看。长篇大论的电视剧对我们的人生很少有帮助，而且那简直是在浪费时间。但电视作为一个传递信息的重要媒介，我们不能完全拒绝，所以，要适当地看一些对自己身心发展有益的电视节目。

生活中，有很多行为和做法都在悄无声息地偷走身边的时间。青少年朋友们，在管理自己时间的时候，一定莫让一些行为盗贼偷走你的时间。

时间窃贼：

窃贼一：突发事件

每天总会遇到不少突发事件，但并不是所有的突发事件都需要马上去进行处理，根据需要去判断是应该马上处理这件事还是将它放到工作计划中以后再处理。

珍惜——一寸光阴一寸金

窃贼二：缺乏授权

要善于利用别人的时间与能力，不需要任何事都亲力亲为。

窃贼三：不及时归类

人们往往等事情集中成一堆了才会开始处理，但这样会浪费时间，在反复的处理和分类上，最好在遇到新事情的时候就进行及时的分类或处理。

窃贼四：最后期限

临近最后期限的时候，由于时间的压力及紧迫感，往往工作匆忙，可能会需要反复地去回头修改，浪费了时间，通过对事件的良好管理，能够尽量避免在最后期限到来的时候才匆匆忙忙地赶工的情形。

窃贼五：缺乏计划

缺乏学习计划会让你每天"随机"地处理遇到的事，而可能忘记最需要在当天解决的问题，根据实际情况制订合理的工作计划，对事情的进展将会有很大的帮助。

窃贼六：无谓会议

有时作为班级的干部，需要时不时给同学们开会传达老师或者是学校的意见。然而，没有效果的会议往往是最大的浪费时间的窃贼。所以，在开会之前考虑一下这个会议是否必须开，是否所有参加会议的人员都是有必要参加的，这是作为一个班干部必须注意的一点。

窃贼七：缺乏关系网

很多同学由于受家庭环境的影响，在学校里面总是形单影只独来独往，即使是学习上或者是生活上遇到了困难和问题，也只能自己独自解决，浪费很多不必要的时间。而良好的关系网络能够帮助你解决不少问题，节约很多时间。所以，青少年们平时就要注意建立自己广泛的关系网络。

一个小偷将你家的财物偷走，而这个小偷也被你抓住了，你会如何处置他呢？相信你肯定是非常气愤，不会轻饶他。试想一下，小偷只是偷走了你现在的财物，你就这么气愤，而时间的小偷呢？他偷走的将是你未来所有的财富。如果你现在已经知道是哪几个偷时间的小偷，你会如何去对待他呢？

成功与失败都是在时间河流的涤荡中才见分晓，掐住时间脉搏的人是时间的主人，是社会的主人，也是成功的拥有者。如果在日常的生活当中你学会合理地安排自己的时间，那么，成功对于你来说就轻而易举了。

亚尔诺德·白力特曾经这样感慨："啊，每一天的时间，真是上帝赐予的奇迹！当你清晨睁开眼睛，像变魔术一般，你的生命里就拥有了还没使用的二十四小时！它是你的，是你的最宝贵的财产。"但是，我们是否能够充分地使用这二十四小时呢？答案是否定的。很多的青少年仗着自己年轻，有本钱，而任意地挥霍着自己的时间，殊不知很多小小的影响力已经慢慢地开始发挥，在这世界上的任何一个人都是平等的，没有花不完的本钱，当本钱花得差不多时，你的整个人生也已经形成了无可弥补的影响！

青少年朋友们，不要总埋怨你的时间不够用，不要再唠叨上帝对你

珍惜——一寸光阴一寸金

不公平，时间都是在你们不经意间悄无声息地溜走了。其实，在生活中，我们每个人身边都有一些偷走时间的"小偷"，如犹豫不决、漫无目的等，它们时时准备着偷走我们宝贵的时间，这些让我们防不胜防、措手不及。

小芳今年10岁了，上五年级，每次放学回家都有一大堆的作业要做。今天一回来，小芳就回到了自己的房间开始做作业。正在做数学作业的时候，小芳的脑海开始天马行空了：

"呀，这题怎么那么难？还是奥数题呢！小学的题目就这么难了，我以后可怎么过啊？让我想想怎么写呢？……啊！实在想不出来，真不想写了！妈妈在客厅看什么电视呢？一定又在看韩剧吧？韩剧又长又无聊，真想不明白妈妈怎么那么爱看呢？……哦，今天晚饭的炸鸡腿真好吃，明天一定还叫妈妈做，可是她一定会说我脸上的痘痘又长多了几颗，不能再吃油炸食品了，我得想个办法……"

突然，一道声音传来，打断了小芳的思路："芳芳，你的作业写完了没有？已经九点半了。"哦，原来是妈妈在喊她，而这时，小芳还有好多题没写呢。这次做作业，小芳从19：00写到了22：00，在这三个小时中，其中有将近一半的时间在"开小差"。

其实，这是在青少年中常见的一种现象，很多的青少年也知道这样很不好，但却不知道该怎么做才能改掉这个坏毛病？因此，专家建议，在学习上常"开小差"的同学，可以请妈妈帮忙，监督自己做作业。在写作业的时候，要不断提醒自己："不要开小差，要认真！要认真！"养成专心的习惯。

如何能够提高自己时间使用上的效率去完成自己的目标？每个人在他的一生中都曾经对自己说过："假如再给我一点时间，我一定能够做得更好。"**我们永远也得不到更多的时间，但是我们仍然拥有——我们早就拥有了已经存在的二十四小时**。然而，往往总有一些青少年让偷走时间的"小偷"有机可乘。

例子一：小明的妈妈给他报了一个英语补习班，每个星期天的早上8：00上课。今天早上起床时，小明稍微晚了那么一点，7：55的时候才出门。小明妈妈推出自行车准备上班，并顺便送小明去英语补习班。经过公司门口，小明妈妈对他说："儿子，八点了，你先在这里等下妈妈，妈妈去刷下卡再送你去学英语。"可谁知，妈妈这一上去就去了很久。

8：01时，妈妈没有回来。

8：30时，妈妈还没有回来。

8：55时，终于看到了妈妈的身影。"我们快走吧，已经迟到了。"

例子二：放学了，初三（1）班的同学各自收拾自己的东西，开始准备回家，或者去补习班上课。小英、小华两个人手拉着手冲出教室，准备去学英语。刚到校门口，小华突然大叫了一声："我忘拿写字本了！"于是，她便像闪电一般冲回教室。

一分钟过去了，小华没有回来；

两分钟过去了，小华还没有回来；

三分钟过去了，小英一边焦急地跺脚一边抱怨着："小华怎么还没回来，找个写字本用得着这么久吗？"

四分钟后，小华总算回来了。小英头顶冒火地冲她说："浪费别人的时间等于谋财害命！"

有时，给小偷创造机会，偷走我们时间的人不一定是我们自己。比如，我们的爸爸妈妈、我们的朋友或同学等。浪费了他人的时间，就等于谋财害命。专家建议青少年们，凡事要早做准备，起床要早一点，快点去上学，来早了，可以做一些课前预习。而作为学生，我们还可以多默写一些单词，多学一点，还不迟到，岂不是两全其美。

为了帮助青少年抓住偷时间的"小偷"，让他们能更有效地利用时

珍惜——一寸光阴一寸金

间，青少年们还可以从以下几个方面着手：

如何抓住时间的"小偷"：

1. 试着专心致志地投入学习中去。

当你需要专心致志地学习时，要避免不必要的中断，比如突然而来的电话或门铃声。这时，你要学会暂时不去理睬。只要有一点经验就可以做到。很快，你的朋友也知道了在固定时间才可以打电话过来，同时他们也会因为你讲求办事效率而更加佩服你。

2. 真实记录每天使用的时间，至少持续一个星期，并从中检查自己的时间浪费在哪些地方。

3. 每个星期都要制订出具体的时间计划，每天也要制订出当天的学习与生活计划。

这个方法适合于大公司的总经理，同样对于处于学习为主要任务期的青少年有很大的好处。每天将每一件事情的时间安排合理，就不至于神经紧张、头脑混乱。虽说在执行的过程中，有时候也许会出现意外的事情，需要你及时地更改计划，但是，如果坚持按工作计划表行事，你会发现，随着时间的增加，从中得到的收获越来越多。

4. 制订出省时省力的方法。

比如，每天帮爸爸、妈妈去杂货店买东西的时候，可以问一下有没有什么其他所需的东西，这样可以一次买完，而不需要去许多趟，从而可以省下很多时间去做更多其他有意义的事情。

5. 把你每天"浪费掉的时间"好好地利用起来。

马上开始一个计划，去做一些你从没时间做的且有价值的事情，最重要的是，只能用你的休闲时间来完成这些事。

6. 聪明地进行购物，减少逛街的时间。

这是一种需要学习的技巧，一旦你学会这种技巧，就能将时间和金钱运用得恰到好处，从中得到更多的收获。

时间就是生命，浪费时间也就是浪费了自己的生命。时间就像流水，一去便不再复返。所以，青少年们要好好珍惜时间，不要让某个"小偷"悄悄偷走你的时间了！

 心灵悄悄话

成功与失败都是在时间河流的涤荡中才见分晓，掐住时间脉搏的人是时间的主人，是社会的主人，也是成功的拥有者。如果在日常的生活当中你学会合理地安排自己的时间，那么，成功对于你来说就轻而易举了。

珍惜——一寸光阴一寸金

第三篇　如何去珍惜时间

　　我们每个人都有一个银行——时间银行。每天早上"时间银行"总会为你的账户里自动存入86 400秒;一到晚上,它也会自动地把你当日虚掷掉的光阴全数注销,没有分秒可以结转到明天,你也不能提前预支片刻。如果你没能适当使用这些时间存款,损失掉的只有你自己承担。没有机会回头重来,也不能预提明天,你必须根据你所拥有的这些时间存款而活在现在。

　　"少壮不努力,老大徒伤悲。"作为青少年,更应该懂得珍惜并节省时间,如果能够做到这一点,时间将会以丰厚的知识回报你。一个人的生命是有限的,读书求学的时光更应该值得珍惜。

浪费时间是慢性自杀

回首已逝的岁月，我们已浪费了太多的光阴。时光就这样，总是在不经意间悄悄溜走，你不抓它，它永远不会停留。就像有一家银行每天早上都在你的账户里存入￥86 400，可是每天的账户余额都不能结转到明天，一到结算时间，银行就会把你当日未用尽的款项全数删除。那么这种情况下你会怎么做？

这种情况下，每天要不留分文地全数提领才是最佳选择。

如果你想要体会"一年"有多少价值，你可以去问一个失败重修的学生；

想要体会"一月"有多少价值，你可以去问一个不幸早产的母亲；

想要体会"一周"有多少价值，你可以去问定期周刊的编辑；

想要体会"一小时"有多少价值，你可以去问一对等待相聚的恋人；

想要体会"一分钟"有多少价值，你可以去问一个错过火车的旅人；

想要体会"一秒钟"有多少价值，你可以去问一个死里逃生的幸运儿；

想要体会"一毫秒"有多少价值，你可以去问一个错失金牌的运动员。

别忘了时间不等人。昨天已成为历史，明天则遥不可及，你只能生活在今天的当下里。**请珍视你所拥有的美好时光，特别是你可以和一些值得付出的人。**

有一个王国，举行国王竞选大赛，参选规则说明，凡参加国王竞选的人必须回答一个问题，即：

"世界上哪样东西是最长的又最短的，最慢的又是最快的，最小的又是最广大的、最不受重视的又是最令人惋惜的？没有它，什么事情都做不成；它能使一切渺小的东西归于泯灭，使一切伟大的东西生生不息？"

有个聪明人的回答是这样的：

"最长的是时间，因为它永远无穷无尽；最短的也是时间，因为我们所有的计划还没有来得及完成；

"对于寻欢作乐的人，时间是最快的；而对于等待的人，时间则是最慢的；

"时间可以分割成无穷小，又可以扩展到无穷大；时间在当时谁也不知道重视它，过后却谁都表示惋惜；没有时间，世界上什么事情都不可能做成；

"对于一切不值得后世纪念的，会随着时间的推移使人淡忘；而对于一切堪称伟大的，时间能使其永垂不朽。"

于是，这个人毫无争议地当上了这个王国的国王。

据说在瑞士，婴儿一出生，医院就会在户籍卡中输入这个孩子的姓名、性别、出生年月等。

由于用的都是相同规格的户籍卡，因此，即使是孩子也都有财产状况这一栏。而瑞士人习惯在这一栏上，为孩子填上"时间"！

的确如此，时间是每个人账户中存放的一笔储蓄。生前，谁都不知究竟有多少，而每个人每天都在消耗它、开支它，直到有一天余额为零。

人们将时间比作黄金，用来说明时间的珍贵。

可是，**黄金可以储蓄，但时间不可以；黄金可用劳动换来，但时间**

不可以；黄金可用十、百、千、万来计算，时间却无影无形、无法测量。

生命就是一道减法算术题，生命的尽头可以用零来表示，零乘以任何数都是零。

这就是生命的计算公式，残酷而现实。人可向银行贷款，却不能向时间透支。

假如昨天是作废的支票，明天是没发行的债券，只有今天才是黄金。

生命很可贵，时间犹要珍惜！如果你不知道你的方向，你就永远不可能到达。

尽管每个人都明白：浪费时间是不应该的。可在现实生活中，几乎每个人都在做这件不应该做的事情。

尽管时间的价码对于每个人来说是不一样的，如有些人的时间较为昂贵，而有些人的时间较为廉价，但浪费了时间就是浪费了自己的生命。

因此，青少年要时时告诫自己：绝对不能浪费生命之中每一分一秒的时间。

生活中总是能够听到很多青少年在抱怨，抱怨自己的不成功，抱怨自己的不得志，同时也在抱怨自己运气不太好，抱怨为何总是埋头苦干，成就却还是一般。

其实，如果他们能够充分地利用了自己的时间和精力，绝对能够让自己的人生价值高出现在，并能够从众人里脱颖而出。一个成功的人绝对不会浪费哪怕一秒种的时间，他们会把所有的时间都看成浪费不起的珍贵财富，甚至看作上天赐与自己的珍贵礼物。

在现实生活中，将一件事物看得如此神圣，又有几个人能够做到呢？

很多伟人成功的秘诀就是：惜时。

"进化论"的创始人达尔文就是一个惜时如金的人，他总是将自己的日程排得满满的，从不错过每一分钟时间。达尔文曾说过一句话："完成工作的方法就是爱惜每一分钟。"达尔文的妻子埃玛在回忆他的一生时说，他在写作《物种起源》一书时，经常昼夜不眠，从来没有哪一天的睡眠时间是超过 5 个小时的。即使在他身患重病、生命垂危时，他仍然在坚持观察和记录植物的生长情况，直到临终前的两天。

是的，古往今来，一个伟大的人总是一个惜时如金的人。看过了伟人们对于时间的态度，现在的青少年是不是应该感到惭愧呢？他们之所以成功是因为付出了很多宝贵的时间。相反地，你们之所以不成功是因为没有付出。**浪费时间和精力，往往会成为人生当中最大的悲哀之一，同时也是痛苦和失败的根源。**

现在的青少年对于金钱极为吝啬，但对于自己的时间却常常挥霍无度，如他们经常熬夜，去上网，去泡吧……总之，吃喝玩乐似乎才是他们人生中的主题。这样的人，最终将为浪费时间而付出代价——一事无成。

一直以来，一个问题就一直被人们重复地问着，那就是："生命的意义是什么？"看起来似乎这个问题对于青少年来说过于深奥了，但事实上它对任何人都是适用的，也是每个人都需要面对的。虽然它曾经难倒了历史上很多伟大的思想家们，但它的答案是唯一的："生命的意义不在于活得有多长久，而在于活得是否充实。"当然。也许有人会有不同的答案，但当你把答案呈现出来之后就会发现，你的答案始终都在上述答案的范围之内，归根到底，它们还是一样的。那么，如何才能活得充实呢？答案也是唯一的：利用每一分钟时间，做有意义的事情。

时间就像一种不可再生的资源一样，失去了便不可再来，它既不能买卖，更无法相互转借，当然也不能储存，因此它的价值要高出人们的想象几千倍。如果青少年能够认识到时间的宝贵，一定不会让它轻易地白白流走。**浪费时间，是生命中最大的错误，它常常具有人们难以想象**

的毁灭性的力量。有时候，机会就是蕴藏在被人们不经意间所浪费的时间中的，可我们却总是毫不留恋地从它旁边昂首走过。然后，原来的那股雄心壮志便被接二连三的迷茫所打击。

我国著名的数学家曾写过一篇文章，主题是"如何统筹安排时间"，其实这也是很多青少年都缺乏的一种能力。

下面就来为大家介绍一下：如果现在想泡茶喝，但是没有开水，需要现烧，且茶壶和茶杯也需要清洗，那么具体该如何做呢？下面有三种办法：

办法一：将水壶洗好，然后灌上凉水，生火烧水；然后在等待水开的时间里，清洗茶壶和茶杯，准备茶叶；当水开后便可直接泡茶喝。

办法二：先清洗茶壶和茶杯，然后去拿茶叶，当一切准备工作都就绪之后，再将水壶灌满水，放在火上烧，最后等待水开泡茶。

办法三：将水壶洗净后灌上凉水，然后放在火上，坐下等着水开；当水开了以后再去找茶叶，洗茶壶和茶杯，最后泡茶喝。

三个办法中，哪种方法更节省时间呢？很明显，是第一种，它合理地运用了烧水的时间，而后两种却浪费了很多时间，其实这就是统筹安排。

也许青少年会觉得这太简单了，看一眼就能学会，但是懂归懂，做归做，很多人总是在不自觉中便运用了后两种方法。这就说明，他们对时间还是不够重视，因为如果足够重视，就会在任何时刻提醒自己如何才能更加节约时间。

一位作家在谈到"浪费时间"时这样说：**"如果一个人不能够争分夺秒、惜时如金，那么他的人生就不会获得巨大的成功……年轻的生命最伟大的发现就在于时间的价值……明天的幸福就寄寓在今天的时间之中。"**

美国著名的高尔夫手阿尔福德曾说："片刻的时间比一年的时闻更

有价值，这是无法变更的事实。时间的长短与重要性和价值并不成正比。偶然的、意想不到的五分钟就可能影响你的一生。但谁又能预料这个重要时刻在什么时候来临呢?"所以，不要浪费你认为不值得利用的时间，将它合理地利用起来，说不定你的人生会从此而发生改变。另外，不要把时间浪费在抱怨上。

心灵悄悄话

　　尽管每个人都明白：浪费时间是不应该的。可在现实生活中，几乎每个人都在做这件不应该做的事情。尽管时间的价码对于每个人来说是不一样的，如有些人的时间较为昂贵，而有些人的时间较为廉价，但浪费了时间就是浪费了自己的生命。因此，青少年要时时告诫自己：绝对不能浪费生命之中每一分一秒的时间。

珍惜——一寸光阴一寸金

时间是节省出来的

时间是一个异常奇怪的个体。同样的时间对于不同的人们却有着不同的意义：对于活着的人们而言，时间就是生命；对于经商的人们而言，时间就是金钱；对于做学问的人们而言，时间就是资本；对于青少年而言，时间就是财富，是资本，是命运，是千金难买的无价之宝。

时间如白驹过隙，转眼间它就已消逝了，可是我们要做的事情还有很多很多。 面对时间的不可停留性，我们在感叹时间匆匆的同时，是否付诸了行动？

举世闻名的"发明大王"爱迪生原本被人们认为是低能儿，但由于珍惜并节省时间，长大后却赢得了成功。他在一生中共发明了电灯、电报机、留声机、电影机、磁力析矿机、压碎机等 2 000 多种东西，对改进人类的生活方式做出了重大的贡献。

"浪费，最大的浪费莫过于浪费时间！"爱迪生常对助手说，"人生实在太短暂，我们应该想方设法在最短的时间内完成更多的事情。"一天，爱迪生递给助手一个没上灯口的空玻璃灯泡并对他说："你量一下灯泡的容量。"然后便低头工作了，过了许久，他问道："容量是多少？"助手没有回答。他转身看到其正拿着软尺在测量灯泡的周长、斜度，并伏在桌子上计算测得的数字，于是就说："时间，时间，为什么浪费那么多时间呢？"然后他走过来，拿起那个空灯泡，向里面斟满了水，交给助手，说："把里面的水倒进量杯里，立刻告诉我它的容量。"助手在几秒钟便读出了数字。"这是多么容易的测量方法啊，既准确又节省时间，为什么你却想不到呢？按照你的方法，岂不是要白白浪费诸多时间吗？"爱迪生意味深长地说道。助手的脸在刹那间红了，爱迪生又接着喃喃地说："人生短暂，我们必须节省时间，多做事情啊！"

时间是世界上一切成就的土壤。你能像爱迪生那样节省时间，那么，你也会变成一个很有成就的人。

"少年易老学难成，一寸光阴不可轻。未觉池塘春草梦，阶前梧叶已秋声。" 在人的一生中，学习知识的黄金时间仅是 6～25 岁，若这20年用天计算的话，仅为 7 300 天左右。"少壮轻年月，迟暮惜光辉"，因此，青少年应珍惜并节省每一秒的时间，只有这样，才能学有所成，有所成就。

"少壮不努力，老大徒伤悲。"伟人尚且如此，那么，作为青少年，更应该懂得珍惜并节省时间，如果能够做到这一点，时间将会以丰厚的知识回报你。一个人的生命是有限的，读书求学的时光更应该值得珍惜。

如果想要使自己"有所为"，必须"有所不为"。 有些事情虽然在一生中应该做甚至是必须做的，但在此时却不应该做或根本没有必要做。对于青少年而言，主观上想要去做但现在不应该做的事情主要有贪玩儿、追求时髦和早恋等。

贪玩儿，是青少年的天性。虽然有些玩耍可以锻炼身体，启迪智慧，譬如，象棋、扑克、麻将、台球不仅好玩，还容易使人上瘾；但对于青少年而言，学习是当前的主要任务，过于贪恋玩耍就会影响学习而不务正业。此时的他们应该把学习放在第一位，不被贪玩儿的恶魔所驱使，对于各种各样健康的娱乐活动，可以涉足，但绝对不能迷恋。**在学习累了或掌握了应学的内容之后，适当地进行玩耍或参加一些体力劳动可以缓解大脑的疲劳。**

爱美之心，人皆有之，但爱慕虚荣、追求时髦却是不正确的。"人最美的装饰是知识，是内涵。"对青少年而言，用知识、成就的光环装饰要比用脂肪或漂亮的服装装饰自己所产生的魅力大出几千倍甚至上万倍。如果他们只注意外在美，而不注重提高自身素质，只为能穿上"金利来""老人头"而自豪，为骑不上"山地车"而苦恼，而不把学习放在主要位置，实在是既可笑又可悲的。关于美，培根的话语十分值得每一个青少年而思考："就形貌而言，自然之美要胜于粉饰之美，而优雅的行为之美又胜于单纯的仪容之美。"

恋爱，历来被人们视为敏感的话题。**青少年正处于学生时代，正是为一生事业奠定基础的黄金时期，若过早恋爱，将会舍本逐末，最终学习、事业、爱情多重耽误。**此时的青少年生理尚未成熟，心理更未成熟，世界观和价值观尚未定型，前途也未确定甚至连起码的自立能力都不具备，爱情将附于何处？科学的进步、文化的发展使求知成为每一个现代人求生的先决条件。因此，青少年应牢记"没有登天本领，难与嫦娥相会"。一定要学会正确对待求知、求生和求爱的关系。

有些青少年羡慕知识广博的专家与学者，于是自己也如饥似渴地学习各种知识。

对于同一种知识，应先学习比较有用的；对于同样有用的知识，应先学习基础性和急用性的。对于青少年而言，课本上的知识，一般均属于工具性、基础性和急用性的，且为生存和发展所必需的知识。因此，应把课本上的基础知识作为学习的中心，把它们烂熟于心，从而做到运用自如。

心灵悄悄话

时间是最平凡的，也是最珍贵的，金钱买不到它，地位留不住它。"光阴似箭催人老，日月如梭趱少年"，时间如流水一般，一去不复返。因此，我们不能把宝贵的光阴虚掷，而应利用分分秒秒，珍惜并节省时间。

抱怨生气是时间杀手

在现实生活中，我们常常会看到一些青少年在自己不如意的时候，最常做的、最容易做的是抱怨、发牢骚，似乎这样就能够使问题得到解决，事情会发生逆转。实际上呢？**问题仍然在那里，你不去解决，它是不会随着时间的流逝而自动消失的，逃避是解决不了问题的。**而恰恰相反，你的抱怨只是在浪费时间，错失最好的解决时机。此时的你最需要做的就是，赶紧冷静下来，分析问题，积极寻找解决或者挽回的办法。

有时候，或许我们会在大街上听到年轻人对着电话的那一头说："抱怨真的很浪费时间，浪费自己也浪费他人的时间。虽然我没有经常抱怨，但是有一段时间我确实过得挺不如意的，是越想越不通的那一种，当时找玩得好的朋友聊天，竟然用了将近一个下午的时间才让自己的心情平复，呃！原来抱怨的效率如此之低！"再反过来想想我们自己，是这样吗？很多时候，时间就在这样的抱怨声中溜走了，然而在这其中青少年又有什么收获呢？

一天晚上，外面正下着大雨，猴子和癞蛤蟆坐在一棵大树底下，互相抱怨这天气太冷了。

"咳！咳！"猴子咳嗽起来。"呱——呱——呱！"癞蛤蟆也喊个不停。它们被淋成了落汤鸡，冻得浑身发抖。这种日子多难过呀！它们想来想去，决定明天就去砍树，用树皮搭个暖和的棚子。

第二天一早，红彤彤的太阳露出了笑脸，大地被晒得暖洋洋的。猴子在树顶上尽情地享受着阳光的温暖，癞蛤蟆也躺在树根附近晒太阳。

猴子从树上跳下来，对癞蛤蟆说："喂！我的朋友，你感觉怎么样？" "好极了！"癞蛤蟆回答说。"我们现在还要不要去搭棚子呢？"猴子问。"你这是怎么啦？"癞蛤蟆被问得不耐烦了，"这件事明天再干也不迟。你瞧，现在我有多暖和，多舒服呀！""当然啦，棚子可以等明天再搭！"猴子也爽快地同意了。它们为温暖的阳光整整高兴了一天。傍晚，又下起雨来。它们又一起坐在大树底下，抱怨这天气太冷，空气太潮湿，"咳！咳！"猴子咳嗽起来。"呱——呱——呱！"癞蛤蟆也被冻得喊个不停。它们再一次下了决心：明天一早就去砍树，搭一个暖和的棚子。可是，第二天一早，火红的太阳又从东方升起.大地洒满了金光。猴子高兴极了，赶紧爬到树顶上去享受太阳的温暖。癞蛤蟆也一动也不动地躺在地上晒太阳。猴子又想起了昨晚说过的话，可是，癞蛤蟆却说什么也不同意："干吗要浪费这么宝贵的时光，棚子留到明天再搭嘛！"就这样，每天都是"日复一日"，经过很长一段时间情况都没有发生丝毫的变化。癞蛤蟆和猴子还是一起坐在大树底下呻吟，抱怨这天气太冷，空气太潮湿。"咳！咳！""呱——呱——呱！"

青少年们，从这则小故事上不难看出，与其抱怨天气的不好，不如停止那没用的抱怨，在阳光明媚的日子中搭建一个舒适的窝。不要把明天变为逃避今天的心灵寄托，明天的到来会因为你的懒惰导致更困惑的现状。**抱怨会因为借口的到来赶走机遇；拖延会因为借口的到来颓废生命。**

做事应该未雨绸缪，居安思危，只有这样，在危险突然降临的时候才不至于手忙脚乱。很多青少年会有这样的抱怨："书到用时方恨少！"平常若不充实学问，临时抱佛脚是来不及的。也有些青少年抱怨没有机会，然而当升迁机会来临时，再叹自己平时没有积蓄足够的学识与能力，以致不能胜任，也只好后悔莫及。

美国著名的作家杰克·坎菲尔说："要是你想获得真正的成功，那么，你就得和抱怨、发牢骚说再见，为你的人生负起全责来——不仅为你的成功，也为你的失败，负起责任。这是创造成功人生的首要条件。"杰弗逊说："**从不浪费时间的人，没有工夫抱怨时间不够。**"由此可见，抱怨不仅是一件浪费时间的事情，还是阻碍我们通往成功的绊脚石。抛掉你抱怨的思想，停止你抱怨的话语吧，抱怨是于事无补的，抓紧时间去做该做的事情才是最重要的。

有一对兄弟，他们的家住在 80 层楼上。有一天他们外出旅行回家，发现大楼停电了！虽然他们背着大包的行李，但看来没有什么别的选择，于是哥哥对弟弟说，我们就爬楼梯上去！于是，他们背着两大包行李开始爬楼梯。爬到 20 楼的时候他们开始累了，哥哥说："包太重了，不如这样吧，我们把包包放在这里，等来电后坐电梯来拿。"于是，他们把行李放在了 20 楼，轻松多了，继续向上爬。

他们有说有笑地往上爬，但是好景不长，到了 40 楼，两人实在累了。想到还只爬了一半，两人开始互相埋怨，指责对方不注意大楼的停电公告，才会落得如此下场。他们边吵边爬，就这样一路爬到了 60 楼。到了 60 楼，他们累得连吵架的力气也没有了。弟弟对哥哥说："我们不要吵了，爬完它吧。"于是他们默默地继续爬楼，终于 80 楼到了！兴奋地来到家门口，兄弟俩才发现他们的钥匙留在了 20 楼的包包里了……

仔细想来，这不是反映了一个人的一生吗？20 岁，40 岁，60 岁……20 岁之前的自己不够成熟、能力不足，因此步履难免不稳。20 岁之后，开始全力以赴地追求自己的梦想。40 岁的时候发现青春已逝，就产生许多的遗憾和追悔，于是就在抱怨中度过了 20 年。到了 60 岁的时候，发现人生已所剩不多，明白了不能再抱怨了。到了生命的尽头时才想起自己好像有什么事情没有完成，原来，所有的梦想都留在了 20 岁的青春岁月，还没有来得及完成。

青少年朋友们，想想现在的自己：充满着理想、充满着热情。那就去做你自己想做的事吧！人生短短数十载，把握现在才是最重要的。

现在拥有的，也许在你自己眼里不算什么，但在那些目前状况比你差的人看来，他们会羡慕你的拥有，羡慕你的年轻。虽然你离自己理想的那个目标还有很大的差距，但是只要你脚踏实地地去做，就会实现的。珍惜你现在拥有的，少去抱怨。因为抱怨是最无能的表现，更于事无补。所以不要再说你没有才能一无是处；你缺少环境没有机遇；付出了，但结果不如意。你要知道一棵笔直的树在木匠眼里也是一块好材料。不要抱怨，以你的努力，创造美好的明天！

在现实生活中，很多青少年都会遇到这样的情况：为一点芝麻绿豆大的小事而耿耿于怀。其实，这是一种固执的表现，他们太固执于自己的坚持与信念，甚至近于为迷惑。结果让自己的身心感到疲惫，也没有得到理想结果。所以，不妨放下一些不该背在身上的包袱，让自己轻松一点不是更好吗？**人生中还有许多更加重要的事情等着青少年去扛，为生气而浪费时间实在是太不值得。**

由于青少年身心发育还不成熟，因此遇事更容易想不明白，也就更容易将自己困在一个陷阱里面苦苦地思考和探索，但最终却不能得出一个令自己满意的答案。其实，只要他们打开心扉，就会发现所有的问题都将不再是问题，青山绿水依旧是那么美好，周围的人依然是笑容满面，改变的只是自己的心而已。

从前有一位妇人，她总是为一些琐碎的事情而生气，虽然丈夫每天早出晚归地奔波，但她还是嫌日子过得太清苦。她有一个可爱的儿子，长得虎头虎脑的，可她却觉得儿子每天只知道玩，长大了一定没出息。总之，在旁人看来根本无关紧要的事情她却总是不胜其烦。其实她自己也知道，这样不仅对家人没有好处，对自身也是不好的。于是，她来到寺庙中找到一位高僧，想请他使自己开阔胸怀。

当高僧听完妇人的诉说之后，一言不发，只是将她带进了一座禅房，更奇怪的是，高僧还将房屋反锁，只把妇人一个人单独留在屋里。妇人看到这一幕十分生气，在屋中暴跳如雷，甚至还将全寺院上下的人都骂了个遍，但骂了许久，也无人前来搭理她。于是妇人便开始苦苦地哀求高僧，但高僧同样也置若罔闻。终于，妇人发现自己已经无计可施，慢慢地沉默了下来。此时高僧来到了房外，问道："你现在还生气吗？"妇人回答说："我只是生我自己的气，怎么会来到这种地方受气？"高僧听后说道："你连自己都不肯原谅，又如何能够做到心如止水呢？"于是高僧再一次拂袖而去。又过了一会儿，高僧再一次来到房外，问道："你还生气吗？"妇人答道："不气了。"

"为什么呢？"

"气有什么用呢，反正也解决不了问题。"

"其实你的气还是没有消，只不过你把它强压在心底了，爆发后会更加剧烈。"说完，高僧又离去了。

当高僧第三次来到房门前时，妇人对他说："我不生气了，因为不值得，用这些生气的时间我还不如多做一些有意义的事情。"高僧欣然笑道："你已经真正领悟到了。"

这则故事告诉人们，生活中其实有很多事情都不值得去生气。生气不仅让自己饱受折磨，也是在浪费自己的宝贵人生，对于现在的青少年来说更是如此。人生是短暂的，在这短暂的几十年时间里，青少年时期无疑是人生当中一个极为重要的时期。因此，**青少年一定要把握和利用好这转瞬即逝的青春年华，不要让生气占去了自己的大量时间而使自己遗憾终生。**

生气是对自己不负责任的表现，更是一种惩罚自己的愚蠢行为。人生在世，谁都会或多或少地碰上一些不如意的事情，那么如何让自己顺利地度过这个坎儿，则是一种考验。

假如人人都用生气来发泄的话，那么就会丧失很多机会，甚至让自己付出惨重的代价。

这是一则寓言故事。

珍惜——一寸光阴一寸金

有一种味道十分鲜美的鱼类，生活在北方的河流中，平时由于河面上常有水鸟掠过，因此它们为了保证自身的安全，很少会游到水面上来。这种鱼有一个很有趣的习惯，那就是喜欢在桥的下面打转，尤其是喜欢绕着桥墩嬉戏。不过，由于水流比较湍急，有时候难免会碰在桥墩上。

这一天，一群鱼儿又在桥下游玩，其中一条鱼一不小心便撞在了桥墩上，它顿时感觉眼冒金星，立刻就昏了过去。等它醒来的时候，心里十分生气，它认为是那个桥墩弄疼了它，不禁大为光火。它生气桥墩过于密集，生气水流得太急，还生气自己在同伴面前丢了面子等。于是，它张开两鳃，竖起高高的鱼鳍，将肚皮气得圆鼓鼓地浮在水面上，然后徘徊在桥墩周围，久久不肯离开。

就在这时，一只水鸟从河面上飞过，它一眼就看到了这条漂浮了水面上的鱼，于是一把抓住它，享受了一顿丰盛的午餐。

这条鱼只是因为被桥墩撞了一下，却因此丢了自己的性命，实在是不值呀！可是在现实生活中，像这条鱼的人又岂是少数呢？

尤其是现在的青少年，他们总是觉得很多事情都让他们"气不打一处来"，因此总是在一方面尽量节约时间，另一方面又总在无缘无故地浪费时间。

当你看到自己的第一名地位被其他同学取代了，也许你会气上半天；当你受到了老师的批评时，也许你会气上半天；当你在学习的过程中碰到了拦路虎，可费尽了九牛二虎之力后，还是无能为力时，也许你会气上半天……但不管是哪种情况下的生气，都有一点是可以肯定的：那就是生气就是在浪费时间。

试想，**如果你将生气的时间用在努力钻研上，也许你的第一名桂冠会物归原主，也许拦路虎对你俯首听命，也许老师会在你身上看到新的希望**。这样的结果，不是很好吗？

因此，当青少年想要生气发火时，不如自己问一下自己：这件事情值不值得生气？生气能不能解决问题？生气会带来什么样的后果？有没有其他的方法可以代替？……相信问过了这一系列问题之后，心里的怨气已经消了一半。

心灵悄悄话

　　如果生气也是一种商品，那么绝对不会有人掏钱去买它，即使价钱再低。但是在现实生活中，人们却总在支付大量比黄金还要宝贵的时间用来生气，用来让自己不舒服，这岂不是十分不值得吗？

珍惜——一寸光阴一寸金

无悔人生

很多青少年常常为已经发生而又不该发生的事情自我埋怨、自我谴责，活在内疚的痛苦中。这种表现就是我们所说的后悔。世上没有后悔药，所以会让他们觉得更加痛苦。

在漫长的人生道路上，谁没有一点过失呢？人们都会因这样或那样的过失，带来某种悔恨的心情。如果后悔之后能很快从痛苦中解脱出来，那是一种智慧。怕就怕那些陷入悔恨的泥潭中不能自拔的人。他们甚至失去了走向未来生活的信心。这种心态不仅妨碍了我们的身心健康，也丧失了对美好未来的追求。**后悔是一种耗费精神的情绪，后悔是比损失更大的损失，比错误更大的错误，所以不要后悔。**

一个人也不要为没有取得预期效果的努力而悔恨。我们在办一件事情之前，总不可能准确地预测到究竟能否成功，我们总不能等把未来的一切前景都看清楚了，有了足够的把握时才开始行动，只要尽力而为，即使某些努力没有达到目标，这种努力依然是值得的，无须后悔。

美国一位教师曾用一个很形象的事例来教育学生摆脱徒劳无益的悔恨，在课堂上她将一只装满牛奶的瓶子朝地上猛摔下去，瓶子破碎了，牛奶流了满地。她告诉学生："你们可能对这瓶牛奶感到惋惜，可是这种惋惜已经无法使这瓶牛奶恢复原样了。因此，在你们今后的生活中发生了无可挽回的事情时，请记住这摔破了的牛奶瓶。"这位教师道出了一个生活哲理：如果明知错误已经形成，而且无可挽回，却偏要去挽回，这样做是徒劳无益的。

破碎的牛奶瓶却恰如其分地使我们懂得了：过去的已经过去，不要为打翻的牛奶而哭泣！生活不可能重复过去的岁月，光阴似箭，来不及后悔。要知道**"往者不可谏，来者犹可追"**。错过了就别后悔，后悔不能改变现实，只会消弭未来的美好，给未来的生活增添阴影。

青少年们，当你们因失误而后悔时，重要的是要在悔中求悟，要弄清楚自己办错事的原因何在，今后应如何避免，这样的后悔才有意义，也不会陷入悔恨的泥潭中。因为这种深思反省不是老是纠缠于过去，而是要学会原谅自己，以一种豁达的胸怀面对以后，面对人生。

与后悔绝缘是一种人生很高的智慧。人生之路不能重走，如果走错了某一步，也不要再后悔。与其在后悔的情绪里消磨意志，不如以晴朗的心境对待当前的每一件事情。

人生无悔，这是人生中最大的一句谎言。因为一个人不可能一生不做错事，做了错事，不后悔，又怎么能改正呢？悔改，悔改，先悔后改。由此可见，**后悔是改正错误的前提**。没有后悔，就达不到真正意义上的改正，后悔可以给人带来"悔中醒悟"的好处。

早在 1950 年代，王元已经成为我国数学界的著名人物。他对歌德巴赫猜想所作出的杰出贡献即他证明的 2+3 为陈景润最终证明 1+2 起到了重要的铺垫作用。此外，他与恩师华罗庚先生一同创造的"华王方法"被国际数学界一直沿用至今。他们多年的师生合作可谓中国现代数学史上的一段佳话。

但是，在"文革"中，有很多人曾经在政治压力下，违心地批判过自己的师长，或与被打成反革命的父母公开划清阶级界限。王元也经历了这段痛苦的心灵体验。

在一次批斗会上，造反派勒令王元必须在大会上发言，批判自己的导师华罗庚。王元知道如果拒绝发言，就可能会被打成反革命。面对强大的政治压力，他推辞自己写不了批判稿，只能由别人写，自己上台念一下。没想到造反派真的找人来代笔，让王元读下去。无奈之下，王元只好当众读了一遍批判稿。

王元深知此事对恩师心理的冲击。在心灵深处，他把自己做过的这件事情叫作"背叛"。他愧悔于自己的屈从，一直不肯原谅自己。此后，他再也不像过去那样去恩师家了，即使遇到恩师，也总是想方设法躲开。许多年后，华罗庚先生出访归来，给王元带回来国外数学界关于"华王方法"的论著，两个人才重新走到一起，继续他们的合作。

但是，两个人面对面时，无论是老师，还是学生，都从不提"批斗会"这件事，二人不约而同地保持缄默，连一个字也没有。

华罗庚辞世以后，王元先生为恩师写了一本传记。王元先生用传记的方式来消弭自己内心的愧疚。王元先生说："这件事情，我觉得一个人做错了、自己知道后改正就算了，不要求他人的原谅。要求人家原谅是不对的。事情本身你已经做错了，凭什么要人家原谅你？人家已经很痛苦了。你还要为了传记，非要人家原谅不可，人家将会第二次受痛苦。"

王元先生用其独特的方式，原谅了自己。在王元先生意识到事情已经错了，后悔也无法挽回当年发生的事情时，他给了自己一个博大的胸怀，在没有征得对方原谅的时候鼓起勇气原谅了自己，否则将不会再看见二位老人的合作。

用正视真相原谅自己，就会得救，就会解脱。

人生没有十全十美，如果你发现错了，重新再来。别人不原谅你，你可以自己原谅自己。千万不要沉浸在后悔的痛苦中不能自拔，用一个错误去掩盖另一个错误。

有一首诗，大意是："我来到一个十字路口，有两条路在面前，一条很多人走过，另一条荒僻狭窄，我知道只能选择其中一条，而且，无论选择哪一条，以后都不可能回到同一个路口。"

人生就是这样，没有时间后悔！有时间后悔不如行动起来。人生中

总会留下一些遗憾、一些后悔，既然已经后悔，已经留下了遗憾，那就努力地把握现在，撑起以后，让以后的生活少留下后悔与遗憾，不要让后悔成为你的绊脚石。

心灵悄悄话

世界上没有后悔药，后悔是在时间后面的懊悔，事件与时间相随，时间流逝是不可逆转的，鼓起勇气面对以后的生活才是最重要的。

莫在空虚中沉沦

　　长时间地呆坐在电脑前，漫无目的地望着四周，脑海里一片空白，落入眼帘的是那四周不变的景物。一切都那么疏远，当心底感到空空荡荡的时候，一切都和自己拉开了距离，而且随着空虚的膨胀，与事物的距离也就越来越远。这是人在空虚时的表现，时间往往在人空虚的时候悄悄流逝，一旦从空虚中解脱出来，就会自责什么都没做，这样实在很浪费时间。

　　人生的众多痛苦莫过于空虚，空虚是一种最直接、最无助的痛苦，而不思追求、无所事事造成的空虚会让人在痛苦中无法自拔。因为不思追求，失去了人生的奋斗目标，不会再有奋斗的乐趣和成功的欢愉。因为无所事事或不愿做事，突然会觉得生活很无聊，心灵空乏虚无得好寂寞。时间使懒惰的人感到空虚，使勤奋的人感到充实。若青少年身边没有释放的出口，空虚只会加倍弥散。

　　本杰明·卡斯坦特是法国历史上最具天赋的人之一。凡是对他稍有了解的人都知道他天资聪颖、智力非同一般，是一位上天心存眷顾的天才。在很小的时候，他就能吟诵诗歌，而且几乎过目不忘，对那些读过的诗歌他总是有一套自己独特的见解。当其他同龄孩子刚刚学会背诵几首儿歌的时候，本杰明·卡斯坦特已经在写作方面崭露头角。在十几岁的时候，他就以出色的文才而名震人才济济的法国文坛。他才思敏捷，文思犹如泉涌，下笔洋洋洒洒，当时的很多文人墨客都以一睹他的作品而感到荣幸。

本杰明·卡斯坦特本人十分喜爱文学，他抱负远大，曾经立志要写出一部万古流芳的巨著。以他的才华和智慧实现这一愿望本来没有太大的悬念，可是到本杰明·卡斯坦特的一生匆匆结束之时，他也没有完成这样一部巨著。究竟是什么使志向远大而又博学多才的本杰明·卡斯坦特没能完成自己的夙愿呢？原因还需要从本杰明·卡斯坦特自己身上寻找。

虽然少年时代的他受尽了周围人的尊宠，并且被当时的许多文豪所看好，但是到了 20 岁以后，本杰明·卡斯坦特开始对任何事情都不感兴趣。尽管他只要一会儿的工夫就可以通读几本书，但是他却再也不愿意从任何一本书上汲取知识，因为他觉得书上写的那些东西他早就读懂了。虽然他曾经志向远大，想要写一部万古流芳的巨著，但他却不愿意付出努力，他觉得完成文学巨著需要花费的时间太长，而且他也没有那种耐性和精力。由于本杰明·卡斯坦特成天闲游浪荡，凭借天才般的头脑看不起任何人。而他自己又没有取得任何有实际意义的伟大成就，所以人们不再看重他，而是嘲笑他一事无成，再加上本杰明·卡斯坦特本人每日放纵自己，不顾名声和尊严，一味地出入赌场和色情场所。所以在社会上早已声名狼藉，很多有身份的人都不愿意与他为伍。

在本杰明·卡斯坦特意识到自己面临的处境时，他高呼："我就像地上的影子，转瞬即逝，只有痛苦和空虚为伴。"他还说自己是一只脚踩在半空中的人，永远无法脚踏实地。

精神上的空虚远比肉体上的磨难痛苦更刻骨铭心。精神，即灵魂，是人肉体的支柱。空虚好比一台裸机，所有灵魂的空虚问题，是现实的、残酷的、每个人所必须面对的。倘若青少年一直地空虚下去，换回的只是碌碌无为的人生。鲁迅曾经说过："真正的猛士，敢于直面惨淡的人生，敢于正视淋漓的鲜血。"如果你有了这样的勇气，空虚就不会靠近你。

社会在不断发展，在价值观多元化的时代里，功利主义的价值观加

上精神信仰的缺失，使得人们在面对挫折时比较容易感到空虚和苦闷。很多青少年为了填补这种心理上的空虚，沉迷于网络虚拟的世界，希望得到心灵的释放。网络世界的丰富多彩满足了他们排解内心压抑的需要。在网络这个虚拟的世界中，他们可以暂时忘记现实中的种种压力。当我们的情感和思想在虚拟的网络世界里得到充分宣泄之后，我们终究还得回到现实中来。此时，那种人生的孤独感和空虚感会更加浓重。脱离了现实世界，也就脱离了现实当中人与人的交流，所以他们还是孤独的。孤独的人更容易空虚，不仅麻木他们的肉体，还折磨着他们的灵魂。**战胜空虚，赢得真实；逃避空虚，受其折磨，这是人们面对空虚的两种态度。**

　　青少年们，面对这种情况，你是否在茫然地等待？其实，人的情感、思维和行为是相互关联的，一者动，三者皆动。三者中，最易于自我控制加以改变的是行为。因此，当我们有了这种情绪的时候，通过主动改变自己的行为而间接主动地改善自己的情绪。如果你认为很难做到这一点，就去避免这种情况的发生。其中一项就是不要让自己脱离群体。

　　有一次，神问一只被囚在笼中的鹦鹉："你愿意到天上去生活吗？""为什么要去那里呢？"鹦鹉问。"天上明亮宽敞，不愁吃喝。""可是我现在也很好啊。我吃喝拉撒，全由主人包办，风吹不着，雨打不着，还能天天听见主人说话、唱歌。"鹦鹉回答。"可是，你自由吗？"听了神的话，鹦鹉沉默了。

　　于是，神以胜利者的姿态，把鹦鹉带到了天上。他把鹦鹉安置在翡翠宫里住下，便忙别的事情去了。

　　半年后，神突然想起了鹦鹉，便去翡翠宫看望它。他问鹦鹉："我的孩子，你过得还好吗？"鹦鹉答道："感谢上帝，我活得还好。""那么，你能谈谈在天上生活的感受吗？"神恳切地问。鹦鹉长叹一声，说："唉，这里什么都好，只是没有人和我说话，使我无法忍受。您还是让我回到人间吧。"

听了鹦鹉的话，神不禁大为感慨：若是没有相互交流和相互欣赏，即使给你一座天上的宫殿，也注定找不到快乐与自由的感觉。

青少年们，当你快乐的时候，如果这种快乐没有人与你共享，你是否会感到一种欠缺。不要让自己孤独，我们也可以通过别的方法来远离这种情绪。比如，找一件以前一声很喜欢但已经很久未做的事情，制定一个切实可行的计划并完成它，逐渐增加生活中有意义的活动。你会发现：随着活动的增加，你对生活的兴趣会逐渐恢复。

在你们制订一个切实可行的计划时，要对目标有精确的定义。只有目标明确了，才能判断是否达到了目标。**要把行动计划划分成足够小的步骤，确保一定可以完成。**千万要记住，用自己的行为定义是否成功而不要有情感成分。因为在这个过程中，重要的是做，而不是你在做的过程中的感受。在抑郁状态下，你很难从任何活动中得到愉快的感觉。情绪会受到行为的影响，但这种影响并不是即刻起作用的，需要一定的时间。因此，如果你一定要感到愉快才算是成功，那么，你很可能会失败。

你会空虚是因为没有找到自己的位置，找不到做事情的动力，等你找对位置就不会空虚了。相信你一定会战胜抑郁，生活得多姿多彩。

心灵悄悄话

烦恼被快乐取代，空虚被工作填充，人自然而然就充实而快乐了。青少年千万不可整天浸在一个烦闷抑郁的心境中，不仅浪费宝贵的时间，而且还一无所获。

珍惜——一寸光阴一寸金

抛弃不切实际的做法

人们常说："一个人没有了目标，便失去了前进的动力。"的确如此，人生最大的悲哀在于，不知道自己到底要做什么，常常在人生的十字路口不断徘徊。或许正因为如此，拿破仑才会说出"不想当将军的士兵不是一个好士兵"的话语。当然，有目标是值得赞扬和提倡的，但是**定目标时需要建立在现实的基础上，不切实际的想法只能让人们目空一切，从而远离自己的目标。**

有目标才会有动力，有动力人们才能有奋发的精神，对于青少年来说，为自己设定一个合理的目标，无论是对学习还是对工作，都是大有好处的。但是，如果这个目标太过于不切实际，那么即使再努力也实现不了。所以说，不切实际的目标实际也是浪费时间的一种"途径"。因为在这些努力的过程中，你并没有创造出多少的价值，反而却容易被目标所累。

林肖是一个高三的学生，一直以来他的学习成绩都还算优秀，按理说只要他再加把劲儿，考上一所国内的一流本科院校是不成问题的。但林肖是一个非常要强的男孩子，由于当时学校里流行起一股留学热，他身边的很多同学都想到外国求学，再加上林肖的家庭条件也不错，因此他也萌生了这样的想法。但事实上，这个目标对于林肖来说显然有些不切实际。

林肖把英国著名的剑桥大学作为自己首选学校，众所周知，这是一所国际上一流的名牌大学，世界上优秀的教授和学子都集中在这里，因此对外国的留学生要求也非常严格。不仅要求申请者所学的专业要好，在各方面还必须具备很高的能力，而英语是首要关卡。林肖的家人和同学都劝他申请一所要求相对较低的学校，但心高气傲的林肖没有听取他们的建议。为了让自己能在雅思考试中获得很好的成绩，他还报考了英语专业八级，但他的英语成绩还远远没有达到这个水平。

在考试过后，结果可想而知：林肖的听、说、读、写几乎全军覆没。这样一来，他的出国梦也随之破灭了。由于为了准备雅思考试浪费了太多的时间，林肖的其他课程也耽误了许多，可此时已经快要到高考的时间了，因此高考也没能考出理想的成绩。最终，他只考上了当地一所二流的大学，直到现在，林肖想起来还后悔自己当初的年幼无知。

其实林肖的例子特别具有典型性，他所犯的最大错误就在于好高骛远，被不切实际的目标绊住了双脚。在现实生活中，像林肖这样的青少年不乏其人，他们总是眼高手低，不把近距离的目标放在眼里，不屑于做一些小事情，结果只能惨遭失败，连最起码的事情也没做好。远大的成功从何谈起。

制定目标，看起来是一件非常简单的事情，但实质上却并不容易。如一只有志向的蚂蚁，它的目标是把自己变成最优秀的蚂蚁；而一只有理想的狮子，它的目标应该是把自己变成最优秀的狮子。如果蚂蚁想要变成狮子，那可就真是痴心妄想了。

尤其是很多青少年容易浮躁和盲目，看不清实际情况，往往会低估或高估自己的能力。**制定的目标过低，人生可能会留下些许遗憾，白白浪费自己大好的年华；制定的目标过高，只怕是心有余而力不足，照样还是浪费时光。**那么，如何制定目标才能保证充分地利用时间，又能充分发挥自身的潜力呢？

青少年应该依据以下几点来为自己制定目标：

1. 问问自己想做什么。

这是人生一个方向性的大目标，千万不能含糊地应付了事。由于受到很多新潮思想的影响，如今的青少年总是很多变，目标不够坚定，一会儿想做这个，一会儿又觉得那个也不错，于是转来转去什么也没做成。因此，在制定目标之前一定要先问问自己的心，到底想什么？确定下来后就不要轻易更改，然后奔着这个目标不断地努力。

2. 看看自己能做什么。

俗话说："有志者事竟成。"这使得很多人都认为，只要有雄心壮志，有干劲儿和毅力，就能够到达目标。其实这种想法是十分偏激的，当然上述诸多良好的品质都是不可缺少的，但如果自身没有足够的实力，干劲儿再足也是枉然。因此，青少年还要看看自己，究竟能做什么？在评估中还要切实考虑自身的不足，如此才能引起自己足够的重视。其实在每个人的潜意识里，都能够将自己看得很透彻，这是一种深埋在人内心深处的东西，只不过平时不容易感受到而已。

此时青少年应该将自己想做的和能做的作一下比较，看一看目标是否相同或是接近，当然有差距也是不可避免的。只要这个差距通过适当的努力是可以消除的，但如果差距太大，青少年则要重新思量，一味地坚持只能是自找麻烦。

总之，人不能一口吃成个胖子。青少年想要让自己的人生达到一个大的高度，就必须脚踏实地，先让自己达到一个小的高度，拉近了差距，大的目标实现起来才会更容易。

心灵悄悄话

假如你总是踌躇满志，可实际上却志大才疏，缺少实现目标的实力，那么只会总是使自己与目标遥遥相望，就连本身所具备的价值也无法充分发挥。此时，最有价值的时间已经悄悄溜走，而你却依然还在原地徘徊。

冲动的惩罚

　　人是感情动物，一时冲动也是在所难免，对于身心发育还未成熟的青少年来说更是如此。一旦冲动起来，人的大脑就会随着自己的感觉走，根本不管会造成什么样的后果，或者说即使出现了严重的后果也在所不惜。当冲动过后，回头看看才发现自己已经制造出难以收拾的局面，而此时却没人能帮的了你。于是，只能用更多的时间来收拾这个残局。

　　冲动是人生中最大的魔鬼，它会毁掉所有属于你的美好。虽然大多数人也都知道冲动不是一件好事情，有时甚至会让自己陷入无底的深渊，可是在某个特定环境内却是不会想到这些的，结果只能是自己酿下的苦果自己来品尝。因此，青少年珍爱时间，就应该如同珍爱自己的金钱和生命一样。

　　一个小男孩见到了上帝，天真地问："一万年对于你来说，有多长？"上帝笑了笑，回答说："一万年短得就像一分钟一样。"小男孩又问道："那么，一百万元对于你来说，又有多少呢？"上帝又回答："孩子，它就是一元钱一样。"小孩子接着又问道："那你能给我一百万元钱吗？"上帝说："哦，我的孩子，我当然可以给你，不过前提是你需要给我一分钟来交换。"

　　这是一则十分简短的寓言故事，但其所蕴含的寓意却十分深刻，它告诉人们：**时间是千金难买的，哪怕只是一分钟那么短暂。**可是在现实

珍惜——一寸光阴一寸金

生活中，很多青少年却总在抱怨，自己的人生没有前途，没有方向，没有资本。殊不知，时间是最好的前途，是最明确的方向，也是最大的资本。只要他们不会总是用冲动来付出大量宝贵的时间，一切都可以走上正轨。遗憾的是，大部分人对这个道理并没有透彻地理解，或者说虽然理解了但并不重视。他们总是在重视金钱和名利，却忽略了比金钱和名利更加贵重的东西——时间。

生命总是在和时间赛跑的，时间老人的脚步从来不会为了谁而停留一分钟，但我们的生命却总会在某个不经意的时候停顿下来。所以，为了让自己的生命更有价值，也为了让自己的人生更有意义，青少年不要轻易停下追赶时间的脚步，即使你无法追得上时间，但是你的人生也会因此而显得与众不同。

为工作而付出时间，那是走向成功必须付出的代价；为了欢笑而付出时间，那是获得乐趣而付出的代价；为汲取新知识付出时间，那是打开幸福大门所付出的代价；为思考付出时间，那是积累力量而付出的代价；为了梦想而付出时间，那是实现人生价值而付出的代价。但是，**千万不要为冲动而付出时间，因为这既不值得也没有必要，它会让你后悔终生**。为了冲动而浪费时间，是一件十分可悲的事情，它甚至比任何事情所付出的代价都要沉重。

李亮是一名高二的学生，学习成绩十分优异，是老师和同学们眼中的尖子生，同时也是学校的重点培养对象。有一次，在期末考试中，李亮又一次成为全班的第一名，为了庆祝这件事情，寒假期间李亮邀请了十几个平常在一起玩得比较好的同学，来到自己家里做客。热闹的聚会结束之后，同学们都陆陆续续地回了家。这时李亮的表弟（姑姑家的儿子）才发现，他心爱的数码相机不翼而飞，于是便将这件事告诉了李亮的爸爸。李亮的爸爸觉得是因为儿子邀请了这么多同学来，才会出现这样的事情，再加上表弟毕竟是客人，所以就狠狠地训了李亮一顿。之后，为了表示歉意，李亮的爸爸还拿上了 2 000 元钱送表弟回了家。

如果事情到此结束，那么悲剧就不会发生了。李亮本来就是一个争强好胜的人，此时他对表弟痛恨在心，一心只想报复。第二天，他便来到了姑姑家里，刚好姑姑和姑父都不在家，李亮二话没说就拿着昨天爸爸打自己的绳子将表弟活活勒死。之后，他还装作若无其事地回了家。当晚，李亮便被警察抓了起来。得知了事情的真相之后，李亮的爷爷心脏病突发抢救无效，其姑姑也遭到了姑父的憎恨，最终导致家庭的支离破碎，而李亮也被判了 15 年的有期徒刑。

李亮一时的冲动，造成了两个人死亡，一个家庭破碎，自己也为此付出了沉重的代价。只是因为一瞬间的错误想法，李亮就需要用漫长的 15 年来偿还，而这 15 年恰恰是他人生当中最为精彩的时候。如此高昂的代价，不知道李亮是否会因此而清醒。如果当初他想到过这样的后果，那么他还会继续吗？不管怎样，事情已经发生，但愿天下的青少年能够以此为鉴。

好花不常开，好景不常在。其实从某个角度来说，青少年时期也是人生当中一个宝贵的"好景"，而这个"好景"只有短短的十年左右，如何才能让这个时期看起来更加饱满一些，更加有活力一些呢？在这里给青少年一句忠告：珍惜现在，把握当下，冲动的时候想一想后果和将要为此可能付出的代价！

心灵悄悄话

对于青少年而言，如果你已经因为一些小小的冲动而浪费了很多时间，那么不要再做无谓的惋惜，因为失去的固然宝贵，但尚在你手中握住的时间更加宝贵。因此，正确的做法应该是即时播种，努力抓住现在的时间，只有这样，才能收获青春。

第四篇　改掉浪费时间的坏习惯

　　网络是一个充满诱惑，易使人误入歧途的虚拟世界。由于青少年自制力较差，很容易受之诱惑，在网络中找到了属于自己的那份"快乐"，游戏、音乐、电影……这一切无不在诱惑着自制力不是特别强的青少年。

　　如今，很多的青少年无节制地上网，宝贵时间就这样被无情地浪费掉了。青少年们在上网学习的时候，如果不懂得严格要求自己，缺乏自律性就会很容易偏离方向、改变初衷。

　　所以，不要把时间全部浪费在上网上。要知道网络不是万能的，它只是一个工具，只有合理运用才能收到良好的效果。

坏习惯之无目标计划

青少年处于一个极为特殊的学习时期，没有目标计划是万万不行的。世界顶尖潜能大师安东尼·罗宾曾经这样说：**"有什么样的目标，就有什么样的人生。"**这就要求青少年在不断的学习过程当中，制定出自己的目标和计划。

没有目标和计划的人生是不完整的。作为青少年，当你给自己定下目标之后，目标就会在两个方面起作用：

其一，是你努力的动力；

其二，鞭策着你在人生的道路上不断前进。目标给了你一个看得见的射击靶，随着你努力实现这些目标，自己就会有一种成就感。

一座城市里发生了这么有趣的一个故事：

有三个工人，他们的关系很不错，由于家庭贫困的缘故，他们从事着最脏、最累的砌墙工作。

一天，他们三个人正在砌墙，有一个人就过来问他们在做什么。

这时，第一个人没好气地说道："没看到我们在砌墙吗？"

第二个人却兴奋地说道："我们正在建造一座高楼。"

第三人哼着歌高兴地说："我们正在建设一座美丽的城市。"

就这样，转眼之间十年就过去了，第一个人还在工地上砌墙，第二个人却成为一名优秀的建筑设计师，专门绘制图纸，而第三个人则成为前两个人的老板。

这则故事值得所有的青少年深思。

从这故事中，我们得知：**正是由于他们的目标计划不同，从而也就决定了十年之后，他们将会有着截然不同的生存方式以及生存结果。**

一个人如果没有什么计划和目标，只能使自己永远停留原地，更不用说成就与进步了。就好比这三个砌墙工人，用同样的时间可结果却大相径庭。第一个人原地踏步；第二个人小有成就；而第三个人却取得了最大的成功。这说明正是由于第一个人没有目标和计划而原地踏步，浪费了自己宝贵的时间。

由此可见，人生需要目标，人生不能没有目标。没有目标的人生是残缺的人生，没有目标的人生是苍白的人生，没有目标的人生是注定失败的人生。

在浩瀚无际的大海中航行，假如没有灯塔的指引，无论多么大的轮船也不可能达到预想的彼岸；在茂密的原始森林中穿行，假如没有指南针的指引，不管拥有多么强壮的身体，也不可能走出森林；在茫茫的人生路上行走，假如没有一个正确的人生目标和计划，作为青少年的你无论有多么强的能力，也不会取得学业上的成就，最终只能是一事无成。因此说，制定正确的人生目标是事业成功的第一步。

世界上最为著名的石油大王洛克菲勒，在年轻时曾有过一段无聊彷徨的岁月，度过了一段漫无目标的生活。

有一次，事业上一无所成的他，漫无目标地走出了家门，恰好搭乘了一个农民的马车。疾驰中，农民热心地问他去哪儿，洛克菲勒想了一会儿，就用惠特曼的诗句回答说："我将去我喜欢的地方，让漫长的道路将我带到遥远的地方。"农民满脸惊讶："你难道没有一个目的地吗？"说完，就把命令他下车，并严厉地对他说："游手好闲之徒！你应当找份正当的职业，挣钱过日子，否则，你就是在利用没有目标和计划而浪费你的时间，浪费时间等于什么呢？浪费时间就是浪费生命！"这个农民的话惊醒了洛克菲勒，从此，他就立志干一番事业，做一个对社会有用的人。后来，他经过多年奋斗，终于凭借自己的聪明才智建立起一个庞大的石油帝国。在他晚年，还经常以此教育自己的子孙说，人生不能没有目标和计划。

从石油大王洛克菲勒的故事中，我们得知：成功的人士都有着自己的人生目标和计划，而这也是所有的成功人士所具有的共性，他们在青年时期都树立了一个正确的人生目标。其实，**成功与目标是一对双胞胎，没有目标，事业不可能成功；没有事业，目标也就失去了存在的意义。**

如果从心理学角度讲，一个人对自己的能力有正确的评价，再有一个切合实际的目标牵引，然后一步一个脚印地走下去，取得成功并不是一件很困难的事。正因为有了正确目标的牵引，对于前进道路上困难和挫折，就会有心理准备，就能够接纳现实与失败，并不断地调试自己的心理。这样做不但有利于身心健康，而且也有助于事业的成功。

正是由于有了目标和计划，青少年才会更加珍惜眼前的时间，把握好生命当中的每一分钟，让学习在时间的牵引之下，变得轻松而又充实。

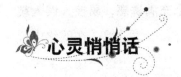

心灵悄悄话

目标和计划是青少年不断学习的指南针，更是前进的动力。有了前进的目标和方向，才会知道自己是从哪里来要到哪里去，如此来，更易走向成功。

怀习惯之看电视上网

青少年是祖国的花朵、早晨的太阳、初生的牛犊。**青少年总是充满着朝气并且有着远大的前程，预示和代表着祖国的未来、民族的希望。**随着科学技术的飞速发展，人类生活水平不断地提高，网络作为高科技发展的产物，同时也是人类社会进步的标志。

如今，网络已经走进了我们的工作、学习和生活，上网已经成为一种时尚。网络是一个无穷无尽的大世界，它信息资源丰富，知识广博。利用网络可以把地球变成一个小小的村落，不管你在何时何地只要通过网络，便可以和远在他乡的家人亲属联络，甚至还可以在电脑上与天涯海角的人们见面。通过网络人们可以做到秀才不出门，尽知天下事。网络还可以做许许多多的事情，是一个充满神奇的世界。

然而，令人担忧的是，**网络同时也是一个充满诱惑，易使人误入歧途的虚拟世界。**由于青少年自制力较差，很容易受之诱惑，在网络中找到了属于自己的那份"快乐"，游戏、音乐、电影……这一切无不在诱惑着自制力不是特别强的青少年。

如今，很多的青少年无节制地上网，宝贵时间就这样被无情地浪费掉了。我们来看一个例子：

鹏涛是某学校一名学生，原本是家庭里的乖孩子，学校里的好学生。可是，电脑网络却改变了这一切。

鹏涛是家里的独生子，父母更是百般宠爱。看到别的同学里家里都有电脑，鹏涛吵着让爸爸也给自己买一台电脑。鹏涛的父母拗不过他，再加上他们觉得网络上有很多对学习有利的东西，有了电脑，儿子就能够很好地运用网络获得大量的信息，来充实自己。于是，就给他买了一台电脑。

鹏涛原本是一个学习比较好的好学生，可是面对互联网这个大诱惑，他渐渐地学会了上网玩游戏，而且还深深地沉浸在网络游戏里面。老师布置的作业也不按时完成了，每天玩网络游戏要玩到很晚。

每一次父母半夜醒来，看到的都是鹏涛还在通宵达旦地"升级"，父母说的话也听不进去。而这样做的直接后果就是第二天上课的时候，鹏涛的表现是无精打采，整天飘飘然，学习成绩直线下降，白白地浪费了宝贵的时间。

计算机正在以飞一般的速度普及，并得到广泛的应用。网络给教育带来了一场极为深刻的革命。目前，网络已成为教育过程中一个十分有用的工具，从波兰到俄罗斯、德国、法国，到新西兰、澳大利亚，到美国、日本、中国，到处都兴起了进入学校的热潮。

可是就目前的情况来看，有太多的青少年上网的目的并非如此单纯，他们往往会利用一切可以利用的时间去上网，甚至避开老师的监督到街头网吧上网。有的浏览传递充满色情、暴力的黄色网站；有的进入胡扯闲谈、打情骂俏的聊天室；有的学生经不起诱惑，选择了逃学、网吧过夜、网络恋爱、约会等。

另外，**由于青少年对新生事物的敏感性，上网也就很快成为学生学习生活中的一种时尚**。但无节制地上网对学生的学习习惯、学习方法及生活习惯也在一定程度上产生了冲击。上面的事例正是在告诫青少年：恰到好处地运用网络，会让你的学习事半功倍。反之，就是浪费时间，耽误学习。

正是由于在网络中的"自由"，导致了很多青少年太过沉迷于网络之中，成了人们所谓的"网虫"。如今，青少年的"网瘾"问题恐怕也已成为最令家长和老师们头痛的问题了。在烟雾缭绕、空气浑浊的网吧里，时常会撞进一些伤心而焦急的家长，他们在寻找因沉溺上网而整夜未归或逃学，甚至离家出走的孩子。很多的青少年沉迷于网络中不能自拔，迷失了方向，也浪费了人生中宝贵的学习时间。

王楠是某学校初中三年级的学生，他是一个十足的网民，经常旷课上网聊天，练就了一身在网吧待上十几小时可以不吃不喝的本领。有一天，所有的积压终于爆发了。王楠在连续上了两天两夜的网后，神志不清，开始胡言乱语，整个人像傻了一样。当他被旁边的人送进医院的时候，连闻讯赶来的父母也不认识了。经过一个多月的治疗，王楠才恢复神智。

刘慧和于丽是某校初一学生，两人同样沉溺于网络聊天中。刘慧是网络世界的"小龙女"，于丽则自封为"格格"。有一次，刘慧因为和网上的人侃得太久，被家长责备了一通，就和网上的那个聊天对方相约出走，欲行侠仗义，浪迹江湖。她们的这种行为可急坏了双方的父母。幸亏民警利用网络及时出手，智寻失踪"网虫"，才不致发生意外……

从中我们得出的这样一个结论：**网上虽然信息丰富，但也有很多不利于青少年健康成长的不健康信息。另外，青少年无节制地上网，不仅影响其正常的学习生活规律，而且浪费了宝贵的时间。**

青少年的自我控制能力一般不如成年人强，对自己没有一定的约束力，一旦迷上网络就容易形成无节制上网。网上聊天和游戏的诱惑力太大了，很多青少年大都抵挡不住这样的诱惑。

青少年们在上网学习的时候，如果不懂得严格要求自己，缺乏自律性就会很容易偏离方向、改变初衷。所以，广大的青少年朋友们要尤其注意对网络的节制，不要把时间全部浪费在上网上。要知道网络不是万能的，它只是一个工具，只有合理运用才能收到良好的效果。

对于青少年来说，时间是非常宝贵的，这个大好的学习时间如果不懂得好好地把握，就会失去好多机会，甚至是会耽误终生。

随着社会经济的快速发展，文化市场也是日益繁荣，传媒、图书、电影、电脑软件等更新日新月异。当然，其中不乏有很多的好作品，充满了丰富情感和艺术性，或者激发人们去动脑的趣味性。比如，一些优秀的电视节目，可以鼓舞人们的斗志，培养人们热爱文化事业，提高人们的文化修养，对促进社会主义精神文明建设发挥了很大的推动作用。**但是，有些电视节目却对青少年的健康成长不具备任何作用，纯粹浪费时间，消费精力。对这样的电视节目，青少年要学会拒绝它。**

电视作为一种集文字、图像等于一体的传播媒介，发展迅速。在我国，电视的观众已经达到了9亿之多。在这个很大的电视群体中，青少年占据了一个相当大的比重。

青少年正处在快速成长的时期，包括身体和心理。处于一个很特殊时期的你们，随着人生观和世界观慢慢地形成，很容易受到外部环境的影响。更重要的是青少年接受的事物又没有固定的思维，如果受到一些错误思想的影响的话，会引发一些错误的思想产生，从而给青少年的身心健康带来很大的威胁。

美国一家知名公司曾说过，无论在美国还是中国，年青一代都已经对媒体产生了明显的依赖。青少年在成长的过程中，由刚开始去试着接受很多方面，发展到去选择自己需要的电视，用于获得有用的信息。这时，电视就变成了青少年们所喜欢的媒介。好的电视节目内容健康向上，可以更好地反映人们真实的生活。但是，现在很多节目都变得大同小异，甚至好多节目对青少年们是没有任何作用的。

众所周知武打片多是以伸张正义取材的。电视中的"大侠"大多是性格孤僻、冷漠无情的杀手，青少年看这类的电视剧，容易使其不明事情的是是非非，从而容易在处理问题上采取暴力的解决方式。"他凭什么这样对我，揍他！"还有"为兄弟两肋插刀"式的"暴力"，在学生当中形成了一种风气。曾经有一位初中的学生非常崇拜《英雄本色》中的周润发，老师问他为什么喜欢，学生说："因为周润发讲义气，大哥大！"还有《功夫》里的包租婆，也让学生很崇拜，平时叼着个烟头，对爸爸、妈妈说话也是很嚣张的样子。

从这些现象中，我们可以看出，没有学习价值的电视节目对青少年的身心健康不利。正处于成长关键阶段的青少年，对好多事情的对与错没有明确的概念，而且，喜欢刻意地模仿电视中的某些角色。然而，却不知道其后果是什么样子的，即对事物缺乏一定的分析能力。好奇心占据了其幼小的脑袋，充满了某种向往和憧憬。

由此可见，**青少年在观看电视节目的时候，要有所选择，选择那些对自己有益的电视节目，不要看一些对自己并没有用的节目。**

电视节目并不是每一个节目都是好的，都是精彩的，都值得人们去看。一个健康、积极向上的节目，能不断地充实青少年的内心，从而促进青少年健康成长；反之，无用的电视节目，会影响青少年的身心健康。

1998 年在全国热播的《还珠格格》，本来可以带给人们快乐，其中的搞笑能让上班族摆脱一天的压力，回到家里轻轻松松地娱乐一下。但是，对于青少年就不是如此了。青少年如果经常看这类电视节目，很容易受里面情节的感染，从而沉溺于缠绵悱恻的男女情感纠葛中，使自己陷入很深的思想误区中。久而久之，极容易养成多愁善感、无故寻愁觅恨的软化性格。另外，一旦陷入情感危机，就会认为世界上除了情和爱，没有什么别的东西了。有的会精神恍惚，有的离家出走，有的甚至产生轻生的念头。

有人说："现在幼儿园就开始谈恋爱了。"这其中电视"功不可没"。

青少年们看了没有用的电视节目，不但影响了学习，而且给自己的生活带来一定的影响。比如，因为过分地迷恋看电视，平时就不吃饭也要看，并且在课余时间，经常学电视里的情节。如有的学生模仿上吊，或是故意做些冒险的动作。

珍惜——一寸光阴一寸金

有关专家认为，青少年常看优秀的、有益身心的电视节目，可以更好地开发他们的思维，但是，**无用的电视节目则能影响其健康成长，使青少年养成暴力、孤僻或是冷漠的性格，甚至于使青少年出现一些极端行为，直到最后走向犯罪的歧途。**

目前，我国至少有几亿人把电视作为娱乐和消遣的主要精神食粮。电视节目的影响也随之作用越来越大，不但可以作为商品，而且作为精神食品被青少年所吸收。但是每当那种色情、暴力等画面展现在电视荧屏中时，青少年也就会从中受到极大的影响。

健康的电视节目能使青少年奋发向上，而颓废的电视节目却使人沉迷消极，尤其在青少年的身上有着明显的体现。青少年作为一个特殊群体，其成长正是身心得到很好发展的关键时期，是一个人的人生塑造的最大的转折点。只有学会合理地观看电视节目，合理地搭配好自己看电视的时间才能有利于自己的学习。

合理安排看电视的时间与生活上的一点一滴及有意义的事情搭配起来，就知道自己该往哪个方向去努力了。所以说，青少年千万不要乱看那些无用的电视节目，否则将严重毒化自己的健康成长，侵蚀自己健康的心灵。

心灵悄悄话

青少年朋友们要学会为自己创造一个良好的学习、生活环境，电视节目一定要有自己的正确选择。只有这样才能使自己拥有一个美好的明天。

坏习惯之没有时间观念

人活在世，最重要的是做些有意义的事情。然而，每个人的时间都是有限的，如果一个人一点时间观念都没有，那么，他只能是白白地在这个世上走了一遭。

俗话说："一个良好的习惯往往可以使人受益终身。"因此，**对于青少年来说，要学会珍惜时间，利用好每一寸光阴，做出有利于国家有利于社会的事情来。**

在今天这个信息时代，工作的人基本上都知道办事的宗旨：时间要短，效率要高。这也就是有所谓的时间观念。俗话说："一滴水就可以看见灿烂的阳光。"我们在生活中不难发现关于时间的重要性的例子：从上班时间挤公共汽车到打车出门；从趴在马路边伸手要钱的乞丐到百万富翁；从邮递员传递邮件到网上发送 E－mail 的快捷。时间观念已经在无形中触动了人们平凡的生活，时代的前沿悄悄地迈向我们的生活，时间也是在平静中慢慢地渡过。

人生的意义在于，活着的时候能做些有意义的事情。在人这一生中，珍惜自己所有的宝贵时间，珍惜来之不易的生命，时间给予我们每一个人的都是这么多，就要看你如何去把握了。

随着生活节奏加快，时间对于每一个人来说，其实都是很重要的。"时间就是效益""时间就是生命"等口号，是非常有科学道理的。那么，在日常生活中，我们应该怎样更充分、更有效地利用好时间，在仅有的一点时间中创造出更大的价值呢？答案就是：增强自己的时间观念，从而有效地利用我们生命中的每一小时的时间，甚至每一分钟，每一秒。

在日常生活中，许多人总是觉得自己活得很累，感觉自己的时间总是不够用，时间紧得不得了，很多的事情都是在手忙脚乱时处理得不好。其实，这主要是由于没有时间观念造成的。如果一个人心中有了一个合理的时间观念，那么就不会弄得自己很是疲惫。

在国外一个顶尖机构中，一个大企业的总裁向一位社会科学专家请教如何处理事情、问题，那位社会科学专家向他提出了一个建议：把自己的每一年中最重要的事情按照大小类型分别区分开来，先办一些你觉得重要的事情。然后，再按照相同的办法，把每个月的事情归好类，再把所有的每一个月的事情按照一定的主次关系，去一一处理。一年之后，你再看一看你的业绩。

当那位总裁问社会科学专家问："这条建议需要给多少的酬金？"社会科学专家答道："现在我不要酬金，等到一年以后，你再按照你的企业的业绩增长的情况看着办吧！"之后，那位总裁在工作中采纳了这条建议。一年后，企业的业绩大增。那位总裁付给了那位社会科学专家一百万美元。

也许你无法理解：为什么同样的付出结果却不同呢？其实，最主要的原因就是，是否科学、合理地安排好自己的时间。

对于青少年来说，在日常生活中，要学会提高自己做事情的速度。比如，很多青少年在做作业时喜欢磨蹭，这就要多加注意了。生命总是以时间为单位导向的，浪费时间就等于浪费自己的生命。因此，青少年们要注意把握住生命中最美好的时光，知道自己在这一刻该做些什么，知道自己的下一步该如何做。在平时，必须抓住和利用好自己身边的那些零散的时间。

有一个人算了一笔账，假如我们一个人，每一天能够挤出两个小时的时间，一年就有730小时，相当于92个工作日。但是如果对于每一个人来说，如果利用好这么多的时间，足可以让我们在某一方面获得不菲的成就，它可以是业绩、成就、知识或者金钱……也就是说可以大大地延长了我们有效的生命。

心灵悄悄话

　　只有学会珍惜自己的时间的人，才是真正明智的人。他们注注懂得如何有效利用自己的时间，从而取得一定的成就。

珍惜——一寸光阴一寸金

坏习惯之懒惰

在日常的生活中，人们往往是习惯了忙碌。一旦休息了就很容易产生懒惰的行为。懒惰的行为，不是一天两天就能形成的，而是很长时间养成的习惯的行为动作。一般情况下，人体长时间的正常的生物钟，猛然改变了时间，会对身体产生消极的影响的。

一个身体正常的青少年，如果经常赖床贪睡，并且不进行合理的饮食，不经常地做运动，自己身体内的能量储备大于消耗量，就容易形成了肥胖症；如果平时生活是有规律的，但是每逢节假日就贪睡懒觉，就会扰乱体内的生物钟，使体内的激素出现异常的变化，导致心神不定、疲惫不堪。结果因为舒适的睡觉淹没了食欲，使得肠胃发生了饥饿性的蠕动，黏膜外部的保护膜就会遭到破坏。人们长期这样下去，就容易发生胃炎、溃疡和消化功能不良的症状。

另外，**起床迟的青少年，其肌肉的张力等都明显地低于一般的人，爆发力不足、动作反应比较迟缓**。并且青少年若长时间因懒惰而不起床，会导致身体的生理机能下降很多，以至于产生不良的心理，比如青少年的手淫活动。又如空气中的污浊气味还能给人的身体带来很大的危害。因此，学会不睡懒觉，养成好的生活习惯，可以保持一份良好的心情。

小红是一个活泼开朗的孩子，学习成绩一直在班里名列前茅，而且很喜欢交际，热心地帮助同学。可是，在近半年里，他经常地独自一个人玩，不喜欢和人说话，上课时也是心不在焉，课后不完成作业，遇到难题了也不爱思考，就放到那里不做了，连平时玩得好的同学也懒得一起去玩。每天早晨爸爸、妈妈要反复地督促数次才肯起床，上学迟到、早退是常有的事情，有时干脆不上课了。后来变得越来越懒，平时爱讲究的习惯也抛之脑后了，衣服也不换洗，起床也不叠被子。

透过这个事例，可以看出，小红并不是什么思想上的问题，而是由于懒惰行为的形成。这种行为大多发生于青少年，常常以一种很隐匿的形式出现，就是使一个以前很好的学生一改常态，变得懒惰起来，其惰性很大，并且引起了以后的一系列的不良后果。

在一般人的心中，这种懒惰不是一般行为的产生，而是作为一种病态出现在青少年的心中，大多数的青少年不是刻意地"懒"，而是一种不良的心理所导致的。他们起初并未发现自己的懒惰行为，因为其诱因不明显。开始时，青少年行为上变得很孤僻，对周围的一切似乎没多大的兴趣，与人接触都显得很冷淡，甚至对自己的亲人也是缺乏感情。"懒"促使他们精神上萎靡不振，反应迟钝，生活习惯不好，不注意修边幅，时常脑里想的和做的不一致。

从另外一个角度来讲，懒惰行为往往使人变得生活慵困，并且思想上也不是很上进，逻辑思维分析能力比较差，不知道事物的密切关联度，容易是非颠倒。

作为青少年，在生活、学习中要树立正确的时间观念，多做些有意义的事情，不能在思想上放弃自己，行为上过于散漫，要有计划地安排自己的生活。这样，才能使自己更好地走在人生大道上。

以前，曾经有几位诺贝尔奖得主在聚会。有很多的记者去采访一位荣获诺贝尔奖的科学家："请问您在哪所大学学到了您觉得最珍贵的东西？"这位科学家毫不犹豫地说："我在幼儿园学到了很多。""那么在幼儿园你学到了什么？""学到了自己的生活习惯，自己应该早早地起来，然后自己学习叠被子，然后就是会叠自己的衣服。拿碗吃饭，吃饭前要多洗洗自己的小手。"

这位科学家出人意料的回答真是让人很惊讶。不只是普通的人应该这样从小做起，连科学家也是从小就养成了勤劳的习惯。科学家从小就是杜绝了"懒"的行为，经过了无数次的人生锻炼，慢慢地进入人生的最高的境界，因而可以很好地发挥自己的长处，去搞自己的科学研究。

作为青少年，培养自己的习惯，应该从小树立一种勤快的意识，不能姑息迁就自己过分懒惰的毛病，珍惜自己所拥有的时间。**习惯不是先天就有的，而是后天才逐渐形成的**。一个人越懒惰，他在行为上表现得越散漫，就如有些习惯经过多次的重复就形成了。要想改掉懒惰，就要花费相当大的努力去改变，因为习惯不是那么容易就改掉的。

心灵悄悄话

好的生活习惯对人的一生是具有决定性的意义的。因此，青少年要从小培养自己的好习惯。要养成节约时间的好习惯，为自己一生的成功奠定基础。

坏习惯之忽略细节

细节就是一个人想要做某一件事情，就要掌握其事情的大小，把事情的难易程度分开来计划，注重内部一些细小的东西。细节不是每一个事物都能清晰地显现的，而是需要细心的观察的，要做到注意细节问题并不那么简单，需要自己去留心身边的事物。

处处留心皆学问。看不到细节的重要性或是不把细节当一回事的人，就会对工作缺乏认真态度，对事情只是敷衍了事。这种人无法把自己的工作当作是一种生活的乐趣。而是把工作当作是一种不得不承受的痛苦。

在临近黄河岸边的地方曾经有一处小村庄，为了防止水患灾害，农民们就筑起了很长的坚固的堤坝。一天，有个农夫在路过堤坝时，猛然发现了蚂蚁窝一下子增多了不少，老农心里想：这些蚂蚁窝究竟会不会影响到长堤的安全呢？于是他打算到村里去报告给村长。不料他在路上遇见了儿子，老农的儿子听后毫不在意地说：那么坚固的长堤，还害怕那么几只小小的蚂蚁吗？说完，他就拉着老农一起去下农田了。谁知道，当天晚上风雨交加，黄河水忽然暴涨，河水从蚂蚁窝开始往外渗透，转变为喷射，终于冲决了长堤，淹没了沿岸的大片村庄和田野。

这则故事让我们懂得了小小的蚂蚁窝的作用了，这也就是著名成语"千里之堤，溃于蚁穴"的来历。同时，这个故事也从一定程度上说明了：只有注意细节，才能使自己成就一番伟大的事业。

不注意细节的人们会把原来完完美美的事物变得越来越糟糕。**事物本来是具有普遍的联系性的，不是很多的事物都没有联系性，只要抓住了事物的联系性，细节就会因此而产生了。**细节就是内部联系的必然的结果。考虑到细节的人，不仅对待工作是认真细心的，什么事情都是按照小事去处理，而且还注重在做事的细节中找到了更多的机遇，从而使自己走上了成功的道路。

掌握住自己的时间，要学会合理地运用手中的一切，把握生活中的细节，这样人们才知道自己做的事情是多么有意义。注重细节，从你我周围的小事做起。细节就是做事要做到极致，因而要重视身边的一点一滴，不要只看那些大的事情，要知道所有的大事都是由无数小事构成的。

一名大学生在很多次的求职中都失败了，原因是学历高、社会经验多的大学生简直是太多了。人才精英的辈出，让他有了很失败的感觉。每次应聘，他都是开始信心百倍地去，然后垂头丧气地回。

其中有一次的应聘让他受益终身。参加面试有很多人，已经是第三批进入经理的办公室，几位面试考官对面试人员进行了面试，最后轮到了人事经理，人事经理说自己有事，先要离开一会儿。于是他就离开了，让所有的面试人员先在办公室里休息片刻。这时好多的面试大学生都在办公室看经理书桌上摆放的资料，看自己前几轮得到的成绩，但是这位大学生却在他们翻看资料的同时，去整理经理的书桌，并把书桌上的杂物整理得井井有条。在一旁的大学生就对他轻蔑地说："整理干吗？不是多余的吗？我们来是做技术的，整理有用吗？"最后待他们看完，把资料也归为一档。这时，人事经理回来了，他宣布了面试的结果，这位给他整理书桌的大学生通过了公司的应聘资格。最后，这位大学生通过在公司的良好表现，终于做了公司的销售经理，年薪达到了10万元以上。

这件事情，就是能很好地反映事物的必然联系，特别注意细节的人最终都能够拥有一个很好的收获，他们不仅能收获到工作上顺利和快乐的心情，还能得到对以后人生的美好的体会。就像这位大学生一样，他自己本身与其他的大学生是存在一定差距的，但是他并没有就此灰心，而是迎着挑战上，对于事情他做到了全心全意去达到最好的结果，看到经理的书桌不整齐，主动去整理，无意中他把握住了事物的细节。

其实，现实中的竞争者之间的成败就是这样，一点点小小的差异，就成为影响一个人一生的重大的转折。**并不是成功者的先天条件都是那么优越，只是看一个人是否注重生活、学习、工作中的细节了，是细节给了他们机会和挑战，使他们取得了更出色的、更优秀的成绩。**相反，失败者往往就是没有把握好身边的小小的细节，忽视了细节的重要性。

所以，青少年朋友们要学习那些成功人士的经验，从小做起，从细节做起，为自己把握好更多的时间，打造一条成功之路。

心灵悄悄话

细节有时候决定了一个人的命运，一个注重细节的人，在无意中就为自己创造了机会。一个人的成功需要从小事做起，从身边的细节做起。

珍惜——

一寸光阴一寸金

坏习惯之没有自制力

生活中的每一个人都是匆匆地来，又匆匆地离去的。出生时是匆匆地哭着、闹着来到了这个大千世界，什么也不知道。但是在成长的阶段，往往是很多繁杂事情扰乱了自己的平静生活，从而干扰了自己的正常的思绪。

所谓的抗干扰能力，就是指在日常的生活环境中，抵抗影响人们完成任务的各种消极刺激的心理，或是其他的抵制与抗御能力，是一个人注意转移自己动作的灵活性和稳定性的综合特征的内在表现。

平时，干扰人们的因素也有很多，比如生活上的不如意，遇到了自己不顺心的事情，导致自己的情绪很差，从而影响了工作或是学习等。干扰的类型也是各不相同的，有些是因为心理情绪才导致的，有些是因为社会的种种事情导致的。

孩子在玩乒乓球，这时他已经5岁了，但还是不会打，最多也只是把乒乓球放在球拍上敲鸡蛋式地打。爸爸说："儿子，来，让我们一起来玩个有趣的游戏吧！"

于是，爸爸告诉儿子基本的游戏规则：拿好自己手中的乒乓球，然后把球放在球拍上，环绕着乒乓球桌（乒乓球桌要先保证是木板搭成的）一圈，要求乒乓球不能掉下来。

孩子却很自豪地说："这还不容易，小菜一碟。"

爸爸说："可是我是会故意捣乱的啊。"

于是这样，游戏就开始了。

儿子把乒乓球放在球拍上，小心翼翼地走着。爸爸在一旁开始故意捣乱，一会儿用力拍拍自己的手，一会儿又在一旁跺脚，一会儿又大喊大叫："哎呀，快掉了，快！"

儿子刚开始还是坚定的眼神，目不转睛地看着自己手中的球，后来终于忍不住破口大笑，但为了不输给爸爸，就又不得不保持很镇定的模样，注意力高度集中起来，又继续进行了游戏。最后，儿子还是因为年龄小，受到外界环境的打扰，输给了爸爸。

这个事例，其实在我们的生活中，只是一件微不足道的事情，但是它也反映了一个深刻的道理，就是每一个人的抗干扰能力。正如事例中的儿子，就是因为爸爸在旁边去干扰他的行为，使他终于抵制不住周围的影响，败给了爸爸。

要做好一件事情，要保持注意力高度集中并不是一件很容易的事情，如果旁边有人干扰，就会觉得自己很难去集中注意力。比如，学生在做作业时，旁边正播放比较吸引人的动画片时，就会分散其注意力，因而就会放下手中的作业，跑到一边去看电视。正是因为有了更多的干扰，增加了注意力集中的难度，才有很多人为一些事情难以集中精力地完成而心烦意乱。

在我们做每一件事情的时候，要认真地对待身边的每一件事情，集中精力去完成它，不要被任何事物迷惑了，从而分散了自己的注意力，打乱了自己的思路。这样，事情的完成程度就会越来越具有高效率。把那些干扰都抛到脑后去，免除心中的困扰，才能更好地做好每一件事情。

毛泽东曾经在小时候训练自己的专注力，他经常特意到喧嚣的闹市中去看书，坐在人来人往的城门边研究军事，甚至有时候走在大马路上依然在思考问题。就这样，他练就了在任何复杂的情况下，都能冷静地思考的本领。

有位科学家就说："成功的人，也就是注意力集中的结果。"由此

珍惜——一寸光阴一寸金

可见，伟大的革命领袖都是有着很强的抗干扰能力。古人所说的**"两耳不闻窗外事，一心只读圣贤书"**，也表明了意志的坚定。

在一个信息干扰的时代里，我们做的某些事情都是受到很多诱惑或是吸引的，同时这些事也都能够干扰到我们的生活。比如在人们办公的环境中，一般来说是比较安静的，如果有需要讨论的事情，可以在会议室或是其他可以大声说话的地方去进行，原则上是不能干扰其他人的正常工作。但是每一个人的环境是怎么样的，就因人而论了。

正常情况下，注意力使我们的内心活动朝着一个事物，有选择地去接受些新的信息，而扰乱了其他的活动和信息的传递，并能集中全部的心理去关注所指向的事物。因而，**良好的注意力能够提高我们的工作和学习效率**。注意力能否集中，就要看一个人本身所具有的抵制干扰的能力了。抗干扰能力抵制的强度越大，人的注意力的集中程度也就会越大，做好事情的完美度就会越大。

据有关的数据统计表明，学生的抗干扰能力是非常弱的，要想保持不受干扰，就要学会怎么更好地去抵制外界的干扰。通常，人的抗干扰能力越强，就会对自己所做的事情有着越高的关注，一旦成功，自己的成就感也会随之增强。

所以，在做任何事情的时候，青少年们都要使自己保持良好的注意力，要让自己的大脑学会去感知、记忆、思考，让大脑处于一个非常稳定的状态。学习过程中，注意力是集中所有记忆力的保证，能够很好地开启我们的内心世界，心灵的大门开得越大，我们学到的东西也就会越多。心理学家们认为：青少年一旦注意力涣散了或是无法集中了，心灵的窗户就会从此关闭，一切有用的知识信息都将永远无法进入。

心灵悄悄话

做任何事情都要学会有效地抵抗各种干扰自己的因素，学会用专心去化解它们。这样，成功就会悄悄地降临在自己的身上了。

坏习惯之凌乱拖拉

时间像空气一样，时刻围绕在我们周围，只有聪明的人才抓得住它；时间像风一样，偶尔吹过脸颊，在飘过去之后，才发现它早已离我们远去。

生活中，常常会听到很多青少年说："这一天过得好快呀，一天都过去了，但我还什么都没干呢。"是啊，光阴似箭，一不留神它就从我们身边溜走了。其实，发出这样感慨的人，要不就是一天过得很充实，要不就是一天下来也不知道自己都做了些什么，这就是凌乱与整齐的分别。

郭涛是个初二年级的学生，他学习很用功，可是就是成绩不太理想。对此，他很苦恼。一天放学后，他找到班主任老师希望得到老师的帮助。他向老师倾诉了自己心中的烦恼后，老师问他："你就把你今天所做事情，完完整整，一件一件地跟老师说一遍吧。"他回答说："从早读开始，我就已经在学习了，背了语文课文和政治题目，然后上课注意听讲，放学后就开始写各科作业，英语啦，数学啦，语文啦；中午如果还有时间就背地理、历史等；然后接着上下午的课，待中午的作业发下来时，再去看做错的题目……"

这乍一看，他的一天可以说几乎都是在学习，可为什么成绩就是提高不了呢？这时，细心的老师问他："现在，你能想起来今天都遇到过哪些问题吗？"他说："各科都有，具体的我也想不起来了。"老师说："问题就出在这儿，虽然你每天都把时间安排得很满，但是，却没有条

珍惜——一寸光阴一寸金

理，没有轻重，也就是太凌乱了。你回去列一个大致的计划，按照大计划去往里面填小内容，这样条理清晰了，效率也就出来了。"

一个月后，郭涛再去找老师的时候，就是一脸灿烂了。

其实，**青少年感觉学习很"晕"时，其中关键原因之一就是没有计划，没有条理，以至于一天下来把自己搞得很累，并且学习效率也不高。**因此，青少年朋友要学会厘清思路，不要让凌乱的思绪左右，不要因为凌乱而占用你的时间。

如果你有以下几点坏毛病，就应该注意了。要记住：过于凌乱的生活不仅会让你的学习效率下降，时间久了还会影响你的做事方法。

要避免的坏毛病：

1. 学习当中缺乏明确的目标，盲目地行动，则不能正确地把握方向。

青少年朋友要清楚：每个人想要达到的目标都不相同，只有规划好自己的时间才更有利于目标的尽快实现。

2. 拖延时间。

这是一个不可饶恕的错误，时间是这个世界上最浪费不起的。因为"时间像风一样不可捕捉"，它在你的犹豫、散漫、无为中，很快就悄悄地溜走了。

3. 学习缺乏优先顺序，没有条理，做事无重点、无主次。

4. 太过于注重细节，不懂得科学地合理安排学习。

5. 不够坚持，不会拒绝别人的请求。

鲁迅先生曾说："浪费别人的时间是谋财害命，浪费自己的时间等于慢性自杀。"我们要学会节约自己的时间，节约别人的时间！

6. 把简单的事情复杂化。

生活中，有很多明明是显而易见的事情。在处理的时候，有些青少年往往要将其复杂化，想得过度就会影响判断，在这个胡思乱想的过程中，时间也就被浪费掉了。

7. 消极地思考问题。

内在的心灵决定你的外在世界，快乐掌握在自己的手里，不要把快乐交给别人。要永远看到事情好的一面，做一个积极、乐观的人。只有积极地去进取，时间才不会在郁郁中消磨。

人们常说："时间就是金钱，时间就是生命"。那么，也可以这样来理解，管理好自己的时间，就等于管理好生命。安排好自己的时间，就等于有一个美好的人生。

张艳是某年高考某市的文科第一名，她对计划学习的体会是：所谓"磨刀不误砍柴工"，学习前制订周密可行的学习计划是十分必要的。而且做好计划就是在珍惜自己学习的时间，也能够让自己的学习目的更加明确，从而更加有效地提高自己的学习效率。

其实，**在任何学习过程中，有计划是很重要的，有计划才能让自己的学习目的更加明确**。对于青少年来说，要学会在每个时间段内安排自己的自主学习、活动内容，内容的多少最好是通过自己的努力能够完成的。内容的安排要科学交叉：短的、零散的时间学习零散的知识，安排容易做的事；长的时间学习较完整的知识，安排复杂、有难度的事。不管怎么学习，计划是最重要的，而且计划的方法也很重要，对于青少年来说，制订一个让学习目的更加明确的计划，则是非常有必要的。

珍惜——一寸光阴一寸金

青少年凌乱的学习还包括一边看电视一边写作业，没有计划的学习，常常会漏掉某些作业没做。做事"粗心"，在生活中表现为上学时忘了带作业本，自己的东西总是丢三落四，从来不自己整理书包、书桌等。其实，这些都是生活与学习中的小事情，良好的习惯应该从学会整理自己的思绪开始，把思绪整理好了，生活也就不会再凌乱了，生活不凌乱，学习也就顺理成章了，效率自然而然也就提升了。时间也就是这样在无形之中节省下来的，这样一举多得的事情，聪明的你何乐而不为呢？

广大的青少年朋友们，如果你希望自己变主动，那就要学会掌握时间管理的重点，这样你才会获得优质的人生，并让它变得与众不同。学会管理好自己的时间，人生也会因此而更加美好！

一般来说，每一个人身上都有着一些不自觉的惰性。一件事情在不是很着急的时候，都喜欢往后拖一拖。作为青少年，原本自制力就差，再加上没有时间观念，结果就会变得更加糟糕。由于"忙"的缘故，他们习惯性的动作就是凡事"以后再做"。这样一来，往往计划落空，生活一片混乱。接着自责、后悔、烦躁的情绪也会随之而来，当然影响了青少年的进步。

拖拉的青少年经常为积压的学习作业而倍感痛苦，从而影响身心健康，更影响了学习的质量。到最后，是身体也没有调养好，学习也没有提高上去，赔了夫人又折兵，一无所获。

加拿大渥太华卡顿大学的心理学副教授蒂姆·彼齐尔博士曾经做过这样的调查：他找了100名自认为有拖沓问题的公司职员进行研究，并在他们任务期限前的最后一周进行了跟踪调查。起初这些人说他们有焦虑感和内疚感，因为他们还没有开始做他们的"作业"。这时，他们会安慰自己，我在压力之下的工作表现会更好；晚一点也没什么的……不过，一旦他们开始着手做工作，他们便表现出了更多的积极情绪，他们不再悲叹时光流逝，也不会说压力有助于他们工作。由此可知，拖拉就是一种自我折磨。

有人曾说道："惰性是一种慢性毒药，它慢慢地征服勇气，使人变得迟钝。"由此可见，拖拉、懒惰会影响一个人的健康成长。凡事要记得勤于思考，不要什么都依赖现成的东西，它会阻碍你创造力的发挥。

那么，作为青少年，你知道，自己究竟应该怎么去克服属于自己身上的那种惰性吗？克服遇事拖拉的毛病呢？

克服惰性的方法：

第一，从今天从现在做起。

不论明天是一个多么"规整"的日子，无论你今天多累，有多少理由，要是你真的想改进自己，就马上列张事情明细单，定个时间，强迫自己做下去。这一步重要的是体会完成事情后的轻松状况。不做事，心里不踏实，是休息不好的。

第二，马上制订一个能够胜任的学习计划。

在第一天的学习、工作之余，还要制订一个近期学习计划。计划要能胜任，时间较宽松些，适合自己的作息习惯。这一步重要的是找到你希望坚持、喜欢做的一件小事，有兴趣的小事能够坚持到最后，能为自己带来信心和愉悦感。

第三，练习分清事情的轻重缓急，逐步学习安排整块与零散时间。

不要避重就轻。事情肯定会有轻重缓急，先集中时间，把最重要的先完成，不重要或者没必要做的就放在后面去做。利用好零散的时间做事，可以在不知不觉中完成烦琐的杂务。这一步最重要的是不要怕去做比较麻烦困难的事情。

　　另外，还可以把自己的计划告诉别人，让自己产生压力，自尊心起到对你的督促作用。这一步最重要的是坚持。过一个月后，勤勉的好习惯会因为克服惰性而形成，自己也会感到精神振奋。拥有"时间感"的人，不仅有明确的使用时间法，而且在工作、交际等方面也一定是高人一等的。广大青少年应该把自己从不当的"习惯"信仰以及固定化的价值观中解放出来。一个人若具备丰富的想象力就可以借此判断时间，锻炼自己对时间的控制。

　　在生活中你经常可以看到吃饭很慢、走路很慢、做事很慢的人，这些人就是平常我们所说的"慢性子"，它与"急性子"型性格的人形成鲜明的对比。凡事超过了度都会走极端，"急性子"和"慢性子"对人的心理健康都没有好处。"急性子"的人长期处于紧张状态之中，而"慢性子"的人则常处于忧郁之中，都不利于个人的健康成长。

　　"赶快行动！还等什么！"拖拉的人要经常对自己这样说。不要给自己找理由的机会。这些理由真的可以把自己的计划完成吗？大多数不能。要对自己严厉地说："非做不可！而且是现在就开始。"然后想象一下在最后期限前面对一大摊事的痛苦，借此来警诫自己。

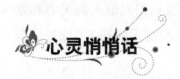

心灵悄悄话

　　绝不拖拉的好方法就是要抓住今天。抓住了今天，就抓住了希望，也抓住了自己为之努力奋斗的切实的目标。无论你想干什么，都不要拖拉。青少年应该明白：自己的学习要靠自己完成，自己人生旅途上的任何目标也要由自己来定位和实现。我们要仔细思考：被拖拉的事迟早要做，为什么要等到把时间浪费过了再做。

坏习惯之过分自责

　　自古以来，珍惜时间就是祖祖辈辈教育下一代的课题。常言说得好，时间就是金钱。话虽如此说，时间和金钱的中间还是不能画对等号的，确切地说，应该是无论有多少钱也买回来哪怕一分一秒的时间。因为时间除了可以为人类创造财富之外，还有着更加丰富的内容和意义。不过，**在现实生活中，很多人却正在不知不觉中浪费着宝贵的时间，自责便是一种十分常见的情况。**

　　对于青少年来说，他们正处于人生当中的大好年华，也正是奋发向上、积极进取的好时机。也许就是因为这样，他们才会比常人更加容易产生自责的心理，如上课时跑了神，考试没有考好，或是做作业时不够用心等，这些都会让他们无可避免地自我责备。为了"珍惜时间"，他们总是在刻意地减少玩乐、聚会，有些人甚至觉得对他人的关心和寒暄，都是浪费了自己的宝贵时间。以至于他们总是不能静下心来好好看书，于是更加自责浪费时间，更加烦躁不安。

　　当然，产生自责心理并不是没有一点好处，最起码可以看得出，他们心中的那股想要努力拼搏的劲头儿。因此，从某种程度上来讲，自责也不失为一种催人上进的动力。但遗憾的是，大部分青少年似乎只想到了自责，或者说没有意识到自责最终带了什么。其实，说得透彻一点，**自责也是在浪费时间，与其在自责中痛苦和挣扎，倒不如收起自责让自己更加努力地奋斗。**

　　据说在"二战"时期，英国士兵把俘虏来的纳粹士兵关进了一间

珍惜——一寸光阴一寸金

漆黑的房屋中，然后在外面用录音机播放模拟的鬼叫声。不过，囚犯每天所需的常规的食物和水都按时送入牢房。几天过后，当英国士兵打开牢房时，却发现屋里的人全都死了，原来他们是被吓死的，是那些模拟的鬼叫声夺走了他们的生命。

这个故事告诉我们，情绪可以操控一个人的言行举止，甚至是生命。一时的兴奋和喜悦，能够使一个很不自信的人变得充满勇气，从而一举成功；而一个不经意的心灰意冷，则很有可能会使一个一向狂妄自大的人自我反思，从而超越自我。总之，**人的情绪可以影响许多，甚至是人们固有的性格和习惯。**当然，情绪有好有坏，对人们产生的影响也不同。对于青少年来说，自责正是一种不良的情绪，这种不良情绪往往会让他们无法像往常一样专注于学习，学习的效果就会可想而知了。因此，青少年不能过分沉溺于自责，应该把自责转化为奋发向上的动力，为以后的成功添砖加瓦。

小茹是一名初二的女生，齐耳短发，长得端庄秀丽，脸上总是一副亲切可爱的笑容。不过唯有一点令大家百思不得其解，同学们都觉得小茹像是有什么心事一样，笑容的背后似乎藏着丝丝忧虑和抑郁。在心理医生的开导下，小茹终于道出了实情：原来她生活在深深的自责当中，她自认为是一个没有恒心与毅力的人，觉得自己将来一定是一事无成，但又不甘于如此的命运。因此，小茹总是默默地在心底告诉自己，以后一定要好好学习，争取有一个好出路，她还为此制订了具体的执行计划。不过，在执行的过程中，小茹并没有完全按照计划来，而是时不时就会放松自己，如和同学出去玩耍。可回来之后，她便觉得自己很没用，注定成不了大事，其实这本不是一件什么大不了的事情，很多人都有过同样的亲身感受。但是，小茹却将她的自责无限放大，就这样，一次次的后悔和自责让小茹心力交瘁，她甚至对计划本身的价值产生了否定，于是亲手将计划书撕得粉碎。最终，小茹不断地受着自责的折磨，学习成绩却没有丝毫进步。

在这个事件当中，小茹对于计划书的否定态度，显然是一种情绪化的非理性评价。心理学上认为，一个人只要以超过百分之六十的比率执行他所制订的计划，就应该感受到一种充实或是成功的喜悦，不能因为少数几次违反计划就全面否定计划的价值，那样只能是对制订计划所花费劳动的否定。故事中的小茹并没有意识到，在自责当中她浪费了更多的时间，忍受了更多的折磨，而她所期望的却始终没有出现，这难道不是浪费了自己双重的时间吗？

好的心态就像是一个天使，它们总是在舞动着自己的翅膀引导人们前进。尽管前面的路艰难险阻，大风大雨在所难免，但只要调整了心态，相信一切问题都能够迎刃而解。愿全天下的青少年都能够一路阳光，一路灿烂，一路精彩。

相信大多数青少年都有过这样的体会：当你刻意追求某样事物时，往往无功而返，而当你能放开心胸时，却总是出现"蓦然回首，那人却在灯火阑珊处"的惊喜。因此，有时候做人不能太较真儿，否则就会在无意之间丧失许多享受简单而又美好生活的乐趣。只有当你有了这样的心态时，才能更加坦然地面对自己以后的人生。

有人说，时间是不会变的，真正变化莫测的是人心！是的，捉弄我们的正是自己，只要能够改变不良的心态，化次为好，化好为优，那么相信以后的人生一定是阳光灿烂的。

 **心灵悄悄话**

人生在世，存在一些缺憾或是遗憾是在所难免的，应该敞开心胸坦然接受。如果总是沉迷于对过去的自责，总感觉自己过去浪费了太多的时间，那么就会让今天也变成浪费时间的昨天。想通了这一点，倒不如让自己忘掉过去，珍惜和把握现在的时光。

第五篇　管理时间，提高效率

时间对于我们来说弥足珍贵，如何安排好时间做有效率的事，在21世纪的今天显得尤为重要。因为当今社会竞争日益激烈，人人做事情都讲求效率，如果你跟不上时代的节奏，那你注定被淘汰。

时间是个常量，需要合理安排。

"时间就是金钱"的观念早已深入人心，对于一家企业来说，时间管理是企业的财富之源；对于一个处在职场中的人来讲，做好时间管理不仅意味着丰厚的经济利益，还能令自己的事业突飞猛进；对于一个青少年而言，时间管理是其成功的重要资源。

要有正确的时间观念

有人曾这样写道：人生就好比在空白的纸上涂鸦，可以有规律，也可以很随意；可以很鲜艳，也可以很浅淡。这都取决于你如何利用你人生的时间。当然了，只有树立正确的时间观念，才能很好地绘画自己精彩的人生。

时间观念是人的根本品质，是对被约人最起码的尊重，是走上成功之路的基本条件，是驾驭财富的第一要素，是学习、工作与生活上最为重要的准绳。对于青少年而言，良好的时间观念有助于其健康成长。一般而言，守时、惜时的孩子，心智成熟程度较高，不仅容易建立健康规律的学习生活习惯，而且还能够具有自信、乐观的精神，同时其交往能力也比较强。

有一家以普通小客户作为主要访问对象的保险公司，在其他保险公司的推销员一天只访问30个左右客户时，而这家保险公司的推销员，每天却要访问100个以上的客户。每天早上9点左右，他们就来到自己所负责的区域，展开例行的访问活动，其他竞争对手直到9点30分以后才姗姗来迟。若不考虑别的方面，仅仅从起步而言，这家保险公司就赢得了30分钟。

除此之外，经调查当地顾客之后，就会发现他们受欢迎的程度令人吃惊。这家保险公司的推销员，不管刮风下雨，从来没有中断过该地的访问活动，而其他保险公司的推销员，只是偶尔才来，且只是停留一小会儿。

如果每天都能比竞争对手多出 10 分钟，虽然只是短短的 10 分钟，但是一个月却能积累 240 分钟左右，一年就能多出 48 个小时左右。"一寸光阴一寸金"，对推销员而言，时间就是金钱。因此，他们的时间观念和业绩是紧密相连的。

古往今来，不计其数的人惋惜时间易逝，于是感叹"时间之快，人生行乐需及时""黄河之水天上来，奔流到海不复回……"的确如此，时间的流速实在令人难以估测。那么，一个人怎样才能在有生之年活得更有意义，做出更大的贡献呢？答案却是唯一的：树立正确的时间观念。

巴甫洛夫在《给青少年们的一封信》中谈道："一个人即使是有两次生命，这对于我们青少年而言也是不够的。"董必武在《中学生》中写道："逆水行舟用力撑，一篙松劲退千寻。古云此曰足可惜，吾辈更应惜秒阴。"这些话语均向青少年揭示出树立正确时间观念的重要性。**时间对于每个人而言都是公平的，它不会因你是一个勤奋者而多给，也不会因你是一个懒惰者而少给，在有限的时间内，不同观念的人得到的结果却不尽相同。**

华西村之所以能够取得巨大的成就，时刻走在前列，与华西人正确的时间观念是密不可分的。

吴磊是华西村的一个村民，一次，包括他在内的二十几个华西村民去日本旅游，陪同的导游是一位华裔日本人。原本约好的是早上 8 点集合出发，但是到了早上 7 点 45 的时候，华西村民早已来到了集合地点，却迟迟不见导游的踪影。8 点，8 点 10 分……时间在不断流逝着，直至 8 点 35 的时候，导游才慢慢腾腾地从远处走来。

大家都感到非常生气，纷纷质问导游为什么迟到。刹那间，导游感到十分惊讶，并说道："你们怎么这么早就来到了，以前中国的游客从没有在规定时间就能集合完毕的，一般情况下，总要拖延半个小时左

珍惜——一寸光阴一寸金

右，因此我也是依照'经验'晚来了半个小时左右……"游客具有极强的时间观念，不禁使导游感到他们的与众不同，他竖起大拇指，接着说道："难怪你们的经济水平一直名列前茅，就凭你们正确的时间观念，我心服口服了！"

"三更灯火五更鸡，正是男儿读书时。黑发不知勤学早，白首方悔读书迟。""少壮不努力，老大徒伤悲。"这些诗句均向青少年阐述了一个道理：**人生有限，必须树立正确的时间观念，做到惜时如金，趁青春有为之时多学习一些科学知识，多做出几番事业。**

在现实生活中，很多的青少年并没有意识到时间的弥足珍贵，没有树立正确的时间观。他们不懂得珍惜时间，整日浑浑噩噩、庸庸碌碌、无所作为；把今天的学习任务拖延至明天，把今天需要做的事情不时地向后推移。蹉跎岁月，却丝毫不感到因虚度年华而悔恨，因碌碌无为而羞耻。

大凡成功的人，都是具有极强时间观念，善于运用时间，做好计划安排的人。他们绝对不会为不能给自己带来益处的人和事上浪费一分一秒，他们总是清楚自己下一步要做什么。时间会为勤勉的人带来智慧和力量，为懒惰的人仅留下悔恨。只有树立正确的时间观念，青少年才能掌握更丰富的知识，迎接不断的挑战，拥有美好的来来。

心灵悄悄话

时间观念是人的根本品质，是对被约人最起码的尊重，是走上成功之路的基本条件，是驾驭财富的第一要素，是学习、工作与生活上最为重要的准绳……对于青少年而言，良好的时间观念有助于其健康成长。

合理安排利用时间

很多人都会有这样的经历：忙了一天，累得无法喘气，最后却没有什么成果，觉得手边的事情千头万绪，不知道从哪里开始，觉得什么东西都很有意思，都想尝试一下，最后却什么也没有掌握。如果你是这样，那么你就该注意时间管理的重要性了，预先规划，合理地安排时间会让你不再迷茫。

时间对于我们来说弥足珍贵，如何安排好时间做有效率的事，在21世纪的今天显得尤为重要。因为当今社会竞争日益激烈，人人做事情都讲求效率，如果你跟不上时代的节奏，那你注定被淘汰。时间是个常量，需要合理安排。

一个公司的经理去会见效率专家罗伯特先生，说他自己是一个很懂得管理的人，但事实上公司不尽如人意。他说："应该做什么，我自己是清楚的。如果你能告诉我更好的计划，我听你的。"

这时候罗伯特递给了经理一张纸，并让他写下明天要做的最重要的几件事情。经理用了五分钟就写完了，罗伯特说："把这张纸带回去吧，明天你就按这上面的一件一件地去做。"

就这样，一个月过后，经理的公司业绩飞一般地上涨了。

充分抓住时间、合理利用时间、提高做事效率是时代的需要。歌德曾说过："善于利用时间，就会有充裕的时间。"如今随着科学技术的发展，人们的生活节奏明显加快，大家越来越清楚地认识到，现代社会

珍惜——一寸光阴一寸金

和未来社会是高效率的。

学会抓紧时间，合理安排时间，对青少年来说尤显重要。有很多学生白天上课，晚上还要回去看书到深夜，这样持续紧张地学习不仅没有提高成绩反而使结果很糟糕。这主要是因为青少年不会合理地安排时间，不懂得学习和放松的重要性，加快了疲劳产生。还有的学生面对各门功课，不知道应该先复习哪一门。青少年要学会合理地规划好时间，这对于提高学习效率有着决定性的作用。

天底下的事情有很多，林林总总，复杂多样，让我们眼花缭乱，甚至是疲于应付。由于每天面临的事情和问题很多，以至于我们整天忙得昏天黑地。可是，到了月底工作总结的时候，不是业绩没有完成，就是完成得不理想，因此我们要学会把事情进行分类管理。

懂得合理安排时间的人，往往是成绩比较优秀的人。上天给予我们每一天的时间是相同的，善于利用时间的人做了时间的主人，他们规划着自己所拥有的时间，获得了高效率，最后成功了。

每个青少年都梦想成功会属于自己，那么从现在起，掌握时间规划的技巧，你就离成功不远了。

一位母亲说："有一天，已经是晚上9点钟了，我那刚上初中的孩子仍然在做作业。"旁边的另一位妈妈随口问了一句："学校留的作业很多吗？"孩子的父亲说："哪里呀，根本就不多，这孩子每天就是吃过饭就摆开摊儿写作业，一边写一边玩，还什么事儿都掺和。不到晚10点他的作业都写不完。"另一位妈妈就对那孩子说："你会看表吗？"孩子大声说："当然！"那位妈妈说："那好，从现在开始，你自己掐表，看看完成剩下的作业到底需要多少时间？"孩子一下子来了精神，认认真真地写起了作业。没多大工夫，孩子就拿着两个作业本跑来报功："9分钟，才用了9分钟！"看着写得很工整的作业，爸爸惊讶了。9分钟与一个多小时，这是多大的差距啊！

从这个故事当中我们会发现，原本需要 9 分钟就可以完成的作业，这个孩子却用了一个钟头，这是非常没有效率的学习，既浪费时间，也浪费精力。孩子边玩边学，没有学好也没有玩好，完成之后的作业也可能错误百出。学会合理地安排时间是每个青少年都应该重视的。

要想提高自己的学习效率。不妨牢记以下几点：

1. 制订一个好的学习计划很重要。

青少年要正确利用好每天、每时、每刻的学习时间。每天早上一起来就对一天的学习有个大致的规划，有个安排。到学校后根据老师的安排再补充、修改并定下来。什么时候预习，什么时候复习和做作业，什么时候阅读课外书籍等都做到心中有数，并且一件一件按时完成。

一般来说，早晨空气清新，环境安静，精神饱满，这时最好朗读或者背诵课文；上午要集中精力听好老师讲课；下午较为疲劳，应以复习旧课或做些动手的练习为主；晚上外界干扰少，注意力容易集中，这时应抓紧时间做作业或写作文。这样坚持下去，同学们就会养成科学利用时间的好习惯。

2. 自习课的时间安排也不容忽视。

不少学生都是把完成作业作为自习的唯一任务，几乎把所有的自习时间都用到做作业上了，这样安排是不妥当的。因为在还没有真正弄懂所学知识时就急于做作业，这样不但速度慢，浪费时间，而且容易出差错。所以，在动手做作业之前，同学们应安排一定时间来复习所学过的知识。

俗话说："磨刀不误砍柴工"，对知识理解透彻了，思路开阔了，作业做起来也会又快又好。此外，做完作业后，还要安排一定时间预习，了解将要学习的新课的内容，明确重点和难点，这样就能有的放矢地听好课，提高学习效率。

安排自习课时，还要注意文科、理科的交叉，动口与动手的搭配，而不要一口气学习同一类的科目或者长时间背书和长时间做练习，这样容易使人疲劳，会降低时间的利用率。

3. 必须牢牢地抓住今天，今日事今日毕。

为了充分地利用时间，同学们还要学会"牢牢抓住今天"这一诀窍。许多同学有爱把今天的事拖到明天去办的习惯，这是很不好的。须知，要想赢得时间，就必须抓住每一分、每一秒，不让时间白白度过。明天还没到来，昨日已过去，只有今天才有主动权。如果放弃了今天，就等于失去了明天，也就会一事无成。因此，青少年从今天做起，安排好和珍惜好每分每秒的时光。

安排时间也要讲究技巧，青少年在学习过程中，每个人可能都会有自己的一套学习方法，但无论方法怎么不同，有一点是相同的，那就是要善于合理地安排自己的学习计划，规划好自己的学习时间。只有这样，才能在学业上取得优异的成绩。

人们常说，时间是海绵里的水，只要去挤，总会是有的。可是，很多人发现，自己的时间好像总是不够用，做什么事情都是急匆匆的，要么就是做了这个没时间做那个，导致事情被遗漏。如果你发现自己经常处于这样的状态之中，那你就需要做出改变了，这表明你的时间管理是有问题的。

时间与效率的关系是，不是做一件事情使用的时间少就是效率高，而是在相对固定的时间段里能够做更多的事情，这才是高效率。比如，一堂课是45分钟，这是一个相对固定的时间段，有的人在这45分钟内只做完了一门课的作业，而有的人则做完了两门课的，有的人做得更多。还比如，上班族中午相对固定的一个小时午餐时间，有的人就是吃顿饭而已，有的人则捎带着将下午谈判的资料熟悉了一遍。这就是效率的不同。

要想提高效率，不仅要懂得充分利用时间，还要懂得找到更多的可利用时间。总结清华学子高效利用时间的经验，有以下几条可供借鉴和学习：

1. 充分利用时间的最好办法是将事情按重要程度分类。

（1）需要明确的是，怎样利用时间的行为是不合理的。

比如，不停地忙碌；在精力最旺盛的时候做无关紧要或者不怎么重要的事情；在需要休息的时候强忍着去做事；每天的时间排得满满的，但是重要的事情却没有优先考虑；按照日程表上的顺序一件一件往下做；每天都在任务清单上列很多事情，并且打算全部完成……

（2）要剔除那些"不必要做的事"，就能够节省出一大部分时间用在自己喜欢和有意义的事情上。

一般情况下，人们会把自己一天要做的事情按重要程度进行划分，优先考虑重要的；不重要的可做可不做；一般重要的能做就做，但不会不做，只是要看时间的安排来定。对"一般重要的事情"，只要改进方法就可以节省时间；对那些"不重要的事情"，你的态度必须是坚决抵制，而不是暧昧难舍。

（3）对事情进行"ABC"分类。

即每天晚上睡觉前必须要把第二天要做的事情按重要程度分成ABC三个等级：第二天起床后从A类开始，循序渐进。当日未完成的事情，向第二天滚动，重新进行ABC排列。排序的前提是有一个规划，以这个规划为标准来排序，就能够很好地避免利益冲突了。

由于每个人每天的时间是固定的，而且每项工作的紧迫程度也不尽

珍惜——一寸光阴一寸金

130

相同，所以，有必要进行细分。可以将"A"级中的工作进一步细化为 A-1、A-2、A-3 等。总之，要将精力放在那些你觉得真正重要的事情上。当然，这种划分并不是一成不变的，它会随着时间的推移优先次序发生变化："A"级工作几天后可能会降为"C"级，"B"级或"C"级工作几天后可能升为"A"级。要灵活应对。

2. 找到更多的可利用时间，也就是我们常说的，要抓住时间的边角料。

被看作边角料的时间一般都是一些零碎时间，是指不构成连续的时间或一个事务与另一事务衔接时的空余时间。这样的时间虽然很短，但是拼凑在一起就会很可观。清华物理系的创始人周光召老先生曾说："我从来不认为半小时是微不足道的一段时间。"诺贝尔奖获得者杨振宁的体会更加具体，他说："每天不浪费或不虚度或不空抛剩余的那一点时间。即使只有五六分钟，如果利用起来，也一样可以有很大的成就。"

生物学家做过一个试验：把一只野鸭的眼睛蒙上，再把它扔向天空，但如果是开阔的天空，鸭子肯定是飞出一个圆圈，最后回到出发的地方。

如果我们把自己的眼睛蒙住，在一片宽阔的场地上，凭自己的感觉走直线，最后你会发现自己走的也是一个大大的圆圈。

生物学家解释了原因：生物的身体结构有细微的差别，如鸟的翅膀，两个翅膀的力量和肌肉发达程度有细微的差别。人的两条腿的长短和力量也有差别，这样迈出的步的距离会有差别。比如，左腿迈的步子距离长，右腿迈的距离短，积累走下来，肯定是一个大大的圆圈，其他生物也是这个道理。这也就解释了人为什么会在沙漠和密林里迷路了。

人之所以在睁着眼睛的状态下走直线，就是因为人在用眼睛不断地修正方向，不断地修正细小的差距，所以就走成了直线。

由此可见，积累的力量是很惊人的。因此，每天节省并充分利用很多的"空闲"时间，就可以做很多自己喜欢的事情，会有很不错的收获。这样的"空闲"时间包括等车的时间、坐车的时间、上厕所的时间、煲电话粥的时间、上网的时间、排队的时间，等等。总之，当你无所事事地等着去做一件事情的时候，这等着的时间本身就是可以做些事情的。

还有一点需要着重强调的是，可以适当减少睡眠时间。在人们的主观意识中，睡眠时间是天经地义的休息时间。但是医生发现，许多人实际上并不需要那么多的睡眠时间，即使适当减少一些，也不会对健康和工作效率带来任何影响。所以，试着减少睡眠时间半小时，并坚持下来，就大约可以在一年之内为自己节约出一个星期的时间。

但有一些空闲时间是必须要留出来的，那就是发呆的时间。偶尔几分钟的发呆时间是必需的，可以有效地缓解疲劳。但一定要控制好度，且不可变成理所当然的浪费。

3. 要看一个人做事效率的高低，不光要看其所用时间的长短，还要看收益的多少。

比如，同样是花费一天时间把 10 把梳子卖给和尚，甲卖给和尚时，告诉和尚梳子可以让他清醒，多诵佛经，对修道有帮助，于是和尚回去后送给 10 个弟子一人一把；乙卖给和尚时，告诉和尚这些梳子可以让善男信女们整理妆容，结果 10 把梳子被很多信徒们使用，并开始有人向和尚打听哪里可以买到这样的梳子。从数量上看，同样是花费一天时间卖给和尚 10 把梳子，似乎效率一样。但是，甲卖出的 10 把梳子只有 10 个人使用，而乙卖出的梳子则被和尚推广到信徒们那里，不仅卖出了 10 把梳子，还培育了一个潜在的巨大市场。从收益来看，乙要比甲高效得多。

总之，确保效率的一个总体原则就是，永远先做最重要的事情，而不是自己喜欢的事。因为，最重要的事情能给你带来最大的回报，你做得越多，得到的回报就越大。把自己认为最重要的事情摆在第一位，这是一个好习惯。否则，你就会因为一些不重要的事而耽误精力和时间。对于成大事者来说，永远先做最重要的事情，是他们最佳的工作习惯。

心灵悄悄话

时间对于我们来说弥足珍贵，如何安排好时间做有效率的事，在21世纪的今天显得尤为重要。因为当今社会竞争日益激烈，人人做事情都讲求效率，如果你跟不上时代的节奏，那你注定被淘汰。时间是个常量，需要合理安排。

有效管理控制时间

时间管理理论是个人管理时间理论的一部分，即如何更有效地安排自己的工作计划，掌握重点，合理有效地利用工作时间。简而言之，时间管理的目标是掌握工作的重点，其本质是自我的一种管理，是管理个人的，方法是通过良好的计划和授权来完成这些工作。

"时间就是金钱"的观念早已深入人心，对于一家企业来说，时间管理是企业的财富之源；对于一个处在职场中的人来讲，做好时间管理不仅意味着丰厚的经济利益，还能令自己的事业突飞猛进；对于一个青少年而言，时间管理是其成功的重要之源。**有效地管理自己的时间，就是要保持高度聚焦，一次只做一件事情，一个时期只有一个重点。聪明人要学会抓住重点，远离琐碎。**

时间管理的方法有一个演变的过程。最早的时间管理是利用便条、备忘录和记事本之类的记录来记下工作的重点。第二代的时间管理方法更注重计划性，人们利用安排表、效率手册以至于商务通等电子手段来安排工作事项。在时间管理的第三个阶段，人们设立近期、中期和长期的工作目标，根据不同的目标来分配各自的工作重点，安排工作时间。

现在已经进入时间管理理论的时代。前几代的时间管理注重完成工作的时间和工作量，而时间管理理论则更注重个人的管理，注重产能，关注完成的工作是否具有有用性。时间的帕金森定理表明，工作会自动地膨胀，占满一个人所有可用的时间；这一原则表明，应该把最佳的时间用在最重要的事情上，即所谓的"好钢用在刀刃上"。

有效地管理自己的时间，就是要懂得节省时间，与此同时也就是说

珍惜——一寸光阴一寸金

当好自己的"管家"。人生的每一件事情都与时间有关，青少年若能有效地管理时间，不仅能够提高其学习与生活效率，还能使其在最短的时间内做出更大的成就。

时间对于每个人都是公平的，关键是你自己能不能有效地管理好自己的时间，好好利用自己的时间。在现实生活中，人们能够随处看到浪费时间的例子，譬如，办事拖拉、完美主义办事、不能较好地应付突发事件等，这些事情一而再、再而三地出现。

怎样才能高效地管理自己的时间？

1. 把重要的事情放在第一位。

爱迪生曾经这样说过："成功的第一要素是能够将你身心与心智的能量锲而不舍地运用在同一个问题上面而不会厌倦的能力……你整天都在做事，不是吗？对大多数人而言，他们肯定是一直在做一些事情，而我只做一件。假如你们将这些时间运用在一个方向、一个目的上，就会成功。"人的精力是有限的，一次只能做一件事情，一心不能两用。青少年不可能在同一时间段内同时进行两件事情，倘若要保证高效率，必须把最重要的事情放在第一位，在某段时间内专注于一件事情，只有集中精力做好一件事情，才能更好地做别的事情。

2. 把东西分门别类。

卡尔在《华尔街日报》上撰文介绍，一家钟点工服务公司曾对200家大公司职员做过调查，他们发现公司职员每年都要把6周时间浪费在寻找乱放的东西上。这意味着他们每年要损失10%的时间。在现实生活中，有很多青少年总是把时间浪费在找东西上，如果他们能够把东西有条不紊地放置好，则会节省许多时间。

3. 学会说"不"。

对一些青少年而言，或许有时自己原本已安排好了计划，但却经常会临时出现一些变化，正所谓"计划赶不上变化"。然而，青少年不应勉强为别人的事情而浪费时间，不应接手别人想给你的问题或责任。我们虽然要关心别人，但这也不等于说可以随随便便卷入别人的生活。每个人都有自己的计划，我们应该依照自己的计划行事，倘若你的时间与别人的时间客串，而帮别人做一些他自己本可以做的事情，那么，你的时间就会被白白浪费掉。

4. 不要在高峰期挤时间"瓶颈。"

一位成功人士曾经这样说道："我喜欢在深夜或清晨时开车旅行，因为在深夜或凌晨的时候路上没有车辆。"成功人士尚能如此，青少年更应该学会"逆势操作"，以避免一窝蜂的高潮。当别人没有做某件事情的时候你去做，譬如，在没有人排队的时候去借书、买饭等，这样可以为自己节省许多时间。

5. 适时休整是为了更好地学习。

"磨刀不误砍柴工。"时间是弹性的，不要与时间较劲。一个人精力充沛与否不在于其补充了多少，而在于其恢复的速度与效率。一个人不会休息就不会工作。青少年只有学会休整，才能快速恢复体能，全身心地投入战斗。

6. 善于总结。

日本一些企业定期抽调管理人员到寺庙中进行自助式的精神会餐，这些人剃掉长发，静坐寺中，对以前的工作进行反省，时间是一周或半个月，反省结束后，再重返工作岗位。令人吃惊的是，经过这段精神自助的人，其绩效都有很大长进。因此，倘若你过于忙碌于自己的学习而没有时间思考你做的事情，将无法充分利用你的时间，只有在某一段时间内进行反省自己刚刚完成或思考过的事情的价值、方式方法等，才能对自己大有益处。

学习是无限的，时间却是有限的。时间是一笔宝贵的财富，没有时间，即使计划再好、目标再高、能力再强，也是空空而谈。时间是如此宝贵，但它又是具有伸缩性的，它可一瞬即逝，也可发挥最大的效力。**时间是一种潜在的资本，只有充分合理地利用每一分每一秒可利用的时间，压缩时间的流程，才能使时间价值最大化体现。**

比尔·盖茨曾说过这么一句："我们都拥有足够的时间，只是要好

珍惜——一寸光阴一寸金

好善加利用。一个人如果不能合理、有效利用时间，则就会被时间所俘虏的，就有可能会成为时间的弱者，而最终的结果只会是一事无成。"也许我们中的很多人都没有比尔·盖茨那样的富有，但是我们的时间却和他一样多。时间对任何一个人来说都是非常公平的，关键是看你能不能合理并且有效地利用你的时间，控制你的时间。

一件事情在同样的时间，往往会出现一些人总比另外一些人早一些完成，而且会做得更好的现象。其中最为关键的差别就是在于能够合理、有效地利用时间。会利用时间的人，做事情的效率就高，而且还能够迅速地解决问题。

戴唯是一家顾问公司的业务经理，他在一年当中大约能够接下100个案子，而他大部分的时间都是在飞机上度过的。戴唯认为和客户保持良好的关系是非常重要的，所以他常常会利用飞机上的时间写短签给他们。

有一次，一位同机的旅客在等候提领行李时与他攀谈起来："我早就在飞机上注意到你，在2小时48分钟里，你一直在写短签，我敢说你的老板一定以你为荣。"

戴唯笑着说："我只是有效利用时间，不想让时间白白浪费而已。"

一名成功者为了减少低效，在工作中往往采用医院的"紧急治疗类选法"来处理问题，即指定一个优先照顾的顺序。病危、但是进行大量的救护工作而生存希望仍是很小的患者，放在最后处理。需要中等救护工作、但存活率高的那组人，最先处理。这看起来似乎有点残忍，但是能够利用有限的资源挽救回更多的生命。

"一寸光阴一寸金"，很多人都能够明白这个道理。但是，大多数人都没有控制时间、高效利用时间的良好习惯和技巧，结果时间还是白白地流逝了。我们每个人都深知时间的重要性，但是又不得不无谓地浪费掉很多宝贵的时间。那么，真的是像我们想象的那样"没办法"吗?

其实不然，最为关键的一点就是我们没有真正掌握控制时间和利用时间的艺术。

一个人如果要想超过别人，在人群里脱颖而出，就必须具有时间观念。 认真计划每一天，而且准时地去做每一件事情，这是每个人走向成功的必经之路。如果你没有时间观念，不能有效地利用时间和管理时间，那么，你很难希望自己能做好每件事，更不要谈自己能否取得成功了。

所以说，有效地控制并利用好自己的时间是件极其重要的事情。人只有控制并利用好时间，才能够提高自己做事情的效率。

时间是一个人最宝贵的财富，时间给忽视它的人留下的只能是懊悔与遗憾，给准时做事的人献上的则是众多成功的机会。

对于一个成功人士来说，之所以能够取得成功，就是因为他能够杜绝浪费时间，能有效地运用时间去做自己该做的事。

曾有一位美国的保险人员自创了"一分钟守则"，他要求客户能够给予自己一分钟的时间，来介绍自己的工作服务项目。等到一分钟的时间到了以后，他便会自动地停止自己的话题，并表示出对对方的感谢。因为他遵守自己的"一分钟服务"，所以他在一天时间的经营中，他的付出与自己的业绩刚好成正比。

"一分钟时间到了，我说完了。"信守一分钟，而且他也保住了自己的尊严，同时，别人对自己的兴趣不但没有减少反而会增加。另外，还让对方珍惜他这一分钟的服务。

美国当代趋势专家马克尔曾这样说过："你观察四周，看看速度是怎样影响一个人的成败，在最后就能够发现，赢家往往是那些最善利用时间、最讲究效率的人。"

有效利用时间就能够在一定的时间内完成更多的事情。有效地利用时间并不是节约时间。实际上，时间也是没法挽留的。因为不管你如何

用它，时间总是一样流逝。人们所能做的，只是更有效地运用时间来达到自己的目标。

一个人做事，能够珍惜时间，不错过一分一秒，就能取得一定成就。拿破仑也曾经这样说过，他之所以能击败奥地利军队，正是因为奥地利的军人不懂得"5分钟"时间的价值。一个有时间观念的人，他会准时做事，能够在不浪费自己时间的基础上，也不浪费他人的时间。

作为一个青少年，每天都有很多的学习任务需要去完成，所以时间就显得非常重要。如果你能合理分配利用时间的话，在最短时间内就能够做完更多的事情。那么，就等于你比别人早起步，比别人拥有更多的时间。

如果你想有一番自己的作为，就应该做到能够利用每一分钟的价值。还要有善于找出隐藏的时间，并加以有效利用，从而让自己做到不浪费生命之中的每一分钟。

心灵悄悄话

有效地管理自己的时间，就是要懂得节省时间，与此同时也就是说当好自己的"管家"。人生的每一件事情都与时间有关，青少年若能有效地管理时间，不仅能够提高其学习与生活效率，还能使其在最短的时间内做出更大的成就。

业精于思

学会思考，勤于思考，是 21 世纪生存智慧的必备条件之一。 在当今的社会，一个人如果懒于思考、不思进取，必将在社会上落伍。学会思考，即学会善于发现生活中存在的各种问题，然后去想解决这些问题的方法和方程式。无数实例证明：只有善于思考问题的人才知道如何解决问题。

爱因斯坦曾说过："发现并能使问题得到解决，比只说空话没行动的人有价值得多。"只有会思考，然后发现了问题，继而激发人们去解决这个问题的动力，最后就有可能妥善地解决问题。

19 世纪 30 年代，美国一名著名的画家莫尔斯搭乘"萨丽"号油轮从欧洲返回故乡纽约。一天，吃过晚饭后，杰克逊博士在餐厅里为顾客们表演实验。他在一根光亮铁棒的周围缠绕上一根特别长的铜导线，并且给导线通上电流，只见那只被缠满铜丝的铁棒把另一根横在饭桌上的铁棒一眨眼的工夫便吸引了上来。当时现场的观众无不为之惊奇。莫尔斯边看边思考，忙问："那个电流每秒钟的速度是多少呀？"杰克逊博士回答说："对不起，这个我也不知道，但很神速，所以到现在还没有人精确地测量出来。"当天晚上，莫尔斯一个人在甲板上反复地走来走去，他一直在想："如果电流能马不停蹄地跑 10 英里，那样的话我就可以让它跑遍全世界，并且用电流的停与断、停的时间的长与短组合起来，某一组代表一个数字，再由不同的数字代表字母……这样不就能够把消息及时传到远方了吗？"从此以后，他每天都坚持不懈地思考着，甚至把自己的画室变成实验室，无论是白天还是晚上都反复地进行研究和实验，"功夫不负有心人"，他终于在 1837 年发明了按动键钮便发出"嘀嘀、嗒嗒"声响的电报机和以他命名的"莫尔斯电报密码"。莫尔斯的这一项发明使得世界的通信技术跨进了一个新的领域。

事实证明，没有思考便没有发明，更不会取得成功。我们每天都在经历很多不同的事情，这些事情也许跟以前的每一天并没有什么不同的地方，但是我们可以从这些琐碎、每天重复经历的事情中，多多少少有一点收获。

我们对于每天重复做的事情都思考过，深入地分析过吗？也许没有人做过，也许有的青少年会觉得这是很没有意义的一些事情，只是每天必须去做，必须得这样做而已。

我们往往因为事情存在的经常性而忽视了它存在的意义。比如，我们每天都在学习，为了学习我们每天都在看书，这个过程年复一年地重复，但是在这重复的过程中，我们每天学习的内容是不同的，在学习时思考问题的方法也是不同的。那么，每天所采用的不同的学习方法，你有没有对比过所产生的不同的效果，有没有将其中效果好的整理下来，系统分析过原因？如果这些你都经过思考了，你要将这些方法记录下来，并有所发展，尽量做得更好。

忧患起于思考，思考启动行动，行动方出成效。作为一名新时代的青少年，只有每天给自己留下思考的空间，才能理性地思考，才能确立积极的目标。

人生同一场竞技，生命就是赛跑。如果把自己每天思维的火花记录下来，包括对各种学习活动的反应，对某个问题的思考过程，解决某一问题的体会、读书、听课。那么这种"记录的思维"会帮助你总结以往的思想，从而使自己对问题有更透彻的认识，能够对下一步的思考提出看法，以便对你的人生路有正确的指导意义。

在生活中，我们每天重复着同样的流程，也许有的同学会说："一件事做久了也会成功的，所以我相信，一辈子如果只抱一个希望，总有一天会实现的！"

其实，每天都是新的，都是不一样的。因为身边的人不一样了，自己的认识不一样了。桌上的台历每撕掉一页都意味着生命中又少了一天。所以，每天都在向自己的天堂迈进，也在向自己的梦想靠近，每天都是需要进步的。

"每天要求自己进步1%"是美国戴明博士在"第二次世界大战"后向日本松下的松下幸之助、索尼的盛田昭夫、本田的本田中一郎等总裁传授的真经，他的这一句话对这些公司的发展起到了很大的推动作用！"每天进步1%"，简而言之，就是每天思考自己"做对了哪些事情？""做错了哪些事情？""哪些地方可以改进，如何改进？"而后自觉在行动中切实改进，不找任何借口来偷懒、推脱。

日本一位著名的发明专家丰泽丰雄，他在每天早上参拜的15分钟内，认真地进行思考。他风趣地说："我每天用15分钟考虑问题，也正是在这15分钟内，在我的脑海中各种好的方案、好的主意便会相继涌现。"日本的中田藤三郎，因为自身患有痔疮，所以上厕所的时间一般都比较长，他便别出心裁地在厕所里挂上了一个小本子和一支笔，规定自己每天一上厕所就想方案。就这样，他坚持了一年，结果想出了用改小圆珠笔芯容量的方法来解决圆珠笔漏油的问题……

一些发明者的人生之所以轰轰烈烈、辉煌一生，都是勤于思考的结果。许多著名的发明家，就是坚持每天给自己安排一定的时间用来思考问题的。

我们当中也有一些有志于搞创造发明的，那么就必须保证自己每天有思考问题的时间。即使学业再忙，也要每天都挤出一定的时间去思考和研究问题。大量的事实都证明，如果每天都挤出一点时间，或者利用一些零碎时间思考问题，并且长期坚持下去，脑海中一定也会产生出许多巧妙高明的想法来。

生活是要去学习和体会的，要去努力和思考，也只有这样我们每天才会进步。其实，上天给我们每一个人的东西都是一样的，至少都是有思想和精神的。**每天进步一点点，如果我们每天都这样思考，那么在日常生活中被我们认为重复的、机械的、毫无意义的学习过程，就会展现出它每天不同的价值和意义，从而呈现出不同的面貌。**我们的学习也就不会再单调，不会再重复。因为思考，因为新意，因为每日的进步，所以我们的学习充满了活力，自己也会在这个过程中变得更加自信、更加充实。坚持下去，我们的学习能力及其他能力，都会得到很大的提高。我们的收获就会呈螺旋上升的趋势，也因为基础的提高，而使思考更有深度，获得的发展也就更大，从而逐渐成长为一个优秀的学生。

当今社会的发展与时俱进，在现实生活的压力下，每个人都希望自己能有更好的发展空间，中学生当然也不例外。如果你希望自己的梦想成为现实的话，那么请你在日常生活中加强自律，自觉要求自己"每天进步1%"，用行动来成就自己的梦想。

生命之舟要扬帆远航，离不开思考的橹。脑子要勤用，才会越用越灵活，青少年如果能抓住思考中的一点灵感，就会有意外的收获。

心灵悄悄话

事实证明，没有思考便没有发明，更不会取得成功。我们每天都在经历很多不同的事情，这些事情也许跟以前的每一天并没有什么不同的地方，但是我们可以从这些琐碎、每天重复经历的事情中，多多少少有一点收获。

节约时间就是延长寿命

奥格·曼狄诺指出，时间是一切生命存在的形式之一。生命和时间，紧紧相依连，失去了时间，生命成了虚幻，没有了生命，时间便丧失了意义。时间就是生命，节约时间就是延长寿命。

对于时间，不同领域的人有不同的看法。**哲学家认为，时间是物质运动持续性存在的方式；企业家认为，时间是金钱；医学家认为，时间就是生命；军事家认为，时间就是胜利；教育家认为，时间就是知识；而科学家也认为，时间就是创造。**

古往今来，历史的变迁，人事的兴替，生命的萌动，青春的激情等，无不是在时间的注视下形成的。可是，自然万物，谁能生活在时间之外，真正拥有永恒呢?

著名作家高尔基说："时间是最公平合理的，它从不多给谁一分。勤劳者能叫时间留下串串果实，懒惰者时间留给他们一头白发，两手空空。"你不能让时间停留，但可以每时每刻都会做些有意义的事。

珍惜时间，勤奋进取是天才必备的品质。纵观古今中外的名人志士，他们无一不是靠自己的勤奋努力，抓紧自己的每一分、每一秒而成功的。我国伟大的文学家、思想家、革命家鲁迅先生曾说过："时间，就像海绵里的水，只要愿挤总还是有的。"的确，在日常生活中，可以"挤"出时间的地方太多了。

英国著名的物理学家法拉第在中年以后，为了节省时间，把整个身心都用在科学创造上，严格控制自己，拒绝参加一切与科学无关的活

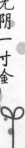

珍惜——一寸光阴一寸金

动，甚至辞去皇家学院主席的职务。发明镭的居里夫人的会客室里从来不放座椅，就是为了不使来访者拖延拜访的时间。

爱因斯坦在 76 岁时由于操劳过度而病倒了，有位老朋友问他想要什么东西，他说："我只希望还有若干小时的时间，让我把一些稿子整理好。"

爱迪生是美国的大发明家，他一生都在忘我地工作，成了有 2000 多项发明的发明大王，在 79 岁生日时他自豪地宣布："按常人的工作量计算，我已经 135 岁了。"

海伦·凯勒告诉我们：每个人都应该像明天就会死那样去生活。如果把活着的每一天当作生活的最后一天，怀着友善、朝气和渴望去生活，那么，我们最终收获的必将是辉煌的人生。但是，作为一个新时代的中学生，你们更应该将生命中的每一天当作一个新的开始，因为，生命的开始是多么的可贵。

对中学生来说，自然界所赐予的每一天都是新的，都是好日子，因为它包含了重新再来的机会、勇气与希望，每天你们都应用感恩的心来迎接它、使用它，将一日的生活过得丰富而踏实！这也是你们能把握生命中每一天的唯一方法。

时间对于每个人来说都是重要的。勤奋者总感到时间不够用，面对时间紧而有序；懒惰者总感到时间难以消磨，面对时间不知所措。

生活中的每个人都是平常人，有一天都将老去，但人们总是把那一天想得极其遥远，把人生视为当然。当青春年少的你们正处于精神活泼、身体健康的状态时，死亡简直是不可想象的。

2008 年 5 月 12 日，14 点 28 分，那是一个刻骨铭心的时刻。难道只有当灾难来临时，只有当生命受到威胁时，你们才能感觉到时间的可贵吗？

请注意聆听：嘀嗒，嘀嗒……这是唯美的音符、幸福的希冀、欢乐的鸣啼，也是秒针旋转的节拍。嘀嗒，嘀嗒……你，来了；为了迎接你的到来，它欢快旋转起来；你，长大了；每长高一寸，它便会旋转一圈，一圈；平和地，缓缓地；你，读书了；每上完一堂课，你就会偷偷看上它一眼，它还是在旋转；兴奋地，紧张地。其实，每个人的生命就好比一张张面纸，等——抽取之后，如果自己没有善加利用，即可能会被弃如敝屣。

有的人惜时如金，分秒必争，废寝忘食，努力拼搏。而有的人则整日无所事事，在一场网络游戏、一次嬉戏中打发光阴。在生命中，每个人都可以自由地选择如何处理自己所拥有的每一天，你可以把它消磨在游戏厅和网吧里，也可以将它花在教室里或运动场上。当然，你也可以将它变得轻如鸿毛，一文不值，或者把它过得多姿多彩、富有意义。对每个人来说最可贵的就是"今"，而最容易丧失的也是"今"。因为它容易丧失，所以更觉得它宝贵。

时间过得很快，犹如黑夜里的流星，瞬间划过星空。虽然说时间是属于每个人的，但不是每个人都可以拥有它。只有珍惜时间，不浪费一分一秒的人，才能把握好自己的人生。

斯宾塞曾经说过："必须记住我们学习的时间是有限的。时间有限，不只是由于人生短促，更由于人事纷繁。我们应该力求把我们所有的时间用去做最有益的事情。把握好自己的时间，确立正确的时间观念，抓住身边的每一分钟。

珍惜时间，就是珍惜生命；珍惜时间，就是珍惜生命中的每一天。

心灵悄悄话

对中学生来说，自然界所赐予的每一天都是新的，都是好日子，因为它包含了重新再来的机会、勇气与希望，每天你们都应用感恩的心来迎接它、使用它，将一日的生活过得丰富而踏实！这也是你们能把握生命中每一天的唯一方法。

珍惜——一寸光阴一寸金

做事要一心一意

时间是人生中最宝贵的东西，任何人都不能离开时间而生活。特别是青春时期，青少年要在自己大好年华中，多去利用好自己的宝贵时间，千万不能把时间给浪费了，要做到无论做什么事情都要学会一心一意去做，抵制自己的分心行为。

分心，不利于自己掌握时间。日常生活中，很多的事情经常围绕在人们的周围的。刚被安排了一些事情，结果又有一大堆事情侵扰着自己的学习或是生活。这时，作为青少年的你，就需要保持一颗平静的心，全心全意去做好一件事情，不可以在做一件事情时三心二意。

毛毛是个聪明好学的女孩，她在很小的时候，家里就很重视对她自身的培养。一到周末，接二连三的学习班就困扰着她。

一次，她在家里写作业，突然妈妈说："毛毛，你该去练琴了。"这时，毛毛就把自己的作业放到了琴边，一边看着练习簿练琴，一边想着自己的作业。最后，琴音声把隔壁正在睡觉的邻居给吵醒了，邻居不禁过来说她。但是，毛毛此时的心不知道早已放哪儿去了，连说她的话都没听到。

毛毛的行为就是比较严重的分心。此时的毛毛正由于心里想得太多，占据着她幼小的心灵，她着急自己的作业何时能写好啊；自己的琴不拉的话，妈妈肯定会骂自己的。这样一来，她内心就充满了紧张感，认为自己要做很多的事情。殊不知自己是浪费了很多的时间，作业没写好，琴也拉得没有任何进步。

分心，有时是不受人的支配的，心理上的过分担心，使自己刻意去做很多事情，但往往是事实上任何事情都没有做成，反而导致失败。

人的分心，不是自然形成的，而是受环境与心情的影响很大。有时，自己不去想一些事情，但事情却困扰着自己不得不去想，使自己做事情出现分心的情况。

人生在世，很多事情是需要自己去完成的。时间的占有也是人类生活中必不可少的。在定义时间上，应该把握好时间的定律，掌握时间的节奏，尽心尽力把每一件事情做到极致，做到更完美。这就需要青少年朋友去抵制自己的分心。

《亮剑》中的李云龙，是一个可歌可泣的英雄。他做事相当谨慎入微，不管干什么事情，都全力以赴、尽心尽力地去做。

一次，日本特务支队要消灭李云龙所带领的团队，他们用手榴弹把李云龙的家给炸个粉碎，李云龙的妻子也在此过程中死去。但是，李云龙没有因失去妻子而悲愤得失去斗志，他又接受了彭德怀军长下达的命令，带领团队英勇地冲向了进攻敌人的战斗中。

李云龙是人们心中真正的英雄，但是他到底为什么是英雄呢？就是因为他能战胜自己，对事情做到不分心，不浪费自己一分一秒的时间，去全心全意为了人民的解放战斗。这就是值得我们青少年应该学习的地方。

在学习生活中，不管青少年遇到什么事情，都应该珍惜自己的时间，视时间为生命，收起让自己混乱的思绪，去抵制分心。其实，分心就像生命中的一只小虫，看你怎么战胜它，你若怕它，你就会被分心所击垮。但是，如果你能抵制分心，你就能完全凌驾于其上。

青少年要时刻管住自己的时间，努力去战胜自己时间上的大敌，去抵制分心。做到不分心，不浪费生命中的每一分钟。你就是时间的主

珍惜——一寸光阴一寸金

人。抓住时间，创造精彩人生！

勤奋是取得成绩必不可少的因素，但是，勤奋必须科学而健康，这样才能真正做到劳逸结合，才能提高成绩、提高效率。

效率，表面上看是花更少的时间做更多的事。实际上，要想实现提升效率的目的，还需要很多因素的配合。比如，兴趣，做事情有兴趣，自然就愿意投入；乐趣，能从做事的过程中感受到乐趣，也愿意做得更多；方法，没有方法等于瞎撞，有方法就能在最短的时间里解决问题；时间，时间和效率的关系就是用最少的时间取得最多的收益，体现的是最高的效率。

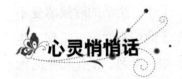

心灵悄悄话

人生在世，很多事情是需要自己去完成的。时间的占有也是人类生活中必不可少的。在定义时间上，应该把握好时间的定律，掌握时间的节奏，尽心尽力把每一件事情做到极致，做到更完美。这就需要青少年朋友去抵制自己的分心。

快乐学习的方法

做任何事情，如果没有乐趣，那一定做不好。学习没有乐趣，成绩也不会很好；工作没有乐趣，每天只是在完成任务；生活没有乐趣，过日子就会变成熬时间。很多人之所以在学习、工作、生活的时候感受不到乐趣，而目标却是追求快乐和幸福，原因在于他们把学习、工作、生活当成了追求快乐和幸福的工具与手段。殊不知，学习、工作和生活本身就是充满着乐趣的。

对青少年来说，学习是最主要的任务，而且学习占用了每天绝大多数的时间，在人的一生中，前三分之一的时间集中在学习，后三分之二的时间也在不断地学习，那如果感受不到学习中的乐趣，把学习当成一件苦差事，岂不是一生都在苦熬、痛苦中度过？那样的人生还有什么价值可言呢？

之所以强调快乐地学习，就是因为，一方面从学习中得到乐趣，有助于培养学习的兴趣和热情；另一方面，感受到了乐趣就能够激发潜力，调动积极性，能够不断克服各种困难，这种身心状态是取得好成绩的保证。而且，当你不再把学习当成苦差事的时候，学习就变成了一件美好的事情，而不再是负担和累赘了。

梁启超先生曾写过《学问之趣味》一文，文中表达了要"把做学问当作人生中的乐趣"的观点，他指出：

凡人必须常常生活于趣味之中，生活才有价值：若哭丧着脸挨过几十年，那么，生活便成沙漠，要他何用？中国人见面最喜欢用的一句话："近来作何消遣？"这句话我听着便讨厌。话里的意思，好像生活得不耐烦了，几十年日子没有法子过，勉强找些事情来消他遣他。一个人若生活于这种状态之下，不如早日投海。天下万事万物都有趣味，只嫌时间不够享用。埋头于书便是人生最合理的生活。

学习必然会遇到难题，但是这种压力是外在的，而快乐的动力来自内在，就像一辆车的燃油，即使在风雨天行驶，遭遇很大的阻力，路况也不好，但是只要车况良好，燃油充足，虽然开得慢点儿，还是照样能向前开进的。

刘通被保送到清华大学环境工程学院，他说是因为"快乐学习"才让自己离梦想中的清华大学越来越近。

从小，父母就注意培养刘通独立学习的能力和习惯，这使刘通没有了依赖性，而完全靠自己的能力解决难题是他最享受的事情，那种满足感是任何东西都代替不了的。父母还注意培养他快乐学习，这使得他从一开始就不抵触学习，即使是成绩考得不理想，他也不会因此沮丧或者想到放弃。

独立学习让刘通首先明白了学习是自己的事情，自己要为这件事情负责，因为妈妈总是会提醒他："学习是自己的事情，你作业做不好、上课不认真受到老师批评，你也要自己承担后果。"所以，父母很少检查他的作业，很少督促他学习，一切全凭刘通自觉。

在独立学习的前提下，父母创造条件，刘通自己开发，培养了很多学习之外的兴趣，比如，打篮球、羽毛球、乒乓球、踢足球，闲暇时看书、听音乐、看电影、玩游戏、上游乐场、写小说、画素描。别的孩子玩的他一样都不落，甚至玩得更多。父母鼓励他培养多方面的兴趣是有道理的，正是这些兴趣让刘通感受到了学习的快乐，因为每一种兴趣都是学习，而每一种都有不同的乐趣在里面，这种思维直接移植到文化课的学习上，也得到了同样的效果。并且，这些兴趣还起到了很好的调节作用，使得身心总是处于一种愉悦的状态之中。当然，时间必须要注意分配好，不能"玩物丧志"。

老师宽松、鼓励的教育方法也对刘通帮助很大，他直言这样培养起来的自信也让自己感受到了学习中的乐趣。

他记得上初中时成绩很不稳定，但是老师一直鼓励他，相信他的能力，用宽松的方式教育他，给他自信，让他自由发挥。由于班主任老师教授的课程是英语，他当时担任课代表，并且经常帮老师做一些日常事务工作，这在潜移默化中增加了学习的兴趣，不仅提高了成绩，也锻炼了他分析问题、处理问题的能力。

上高中后，班主任老师带物理课，而物理课代表也是他。虽然学习辛苦，竞争压力很大，但老师在教学中贯穿的给予爱、感受爱、不抛弃、不放弃的理念，使班级充满温暖的氛围，让他始终觉得学习很放松，总能感觉到学习的快乐。

就这样，刘通一路学着一路快乐着，一路顺利地走进了清华大学。

从刘通的亲身经历中我们可以看出，快乐学习是源自以下几个部分：

1. 独立的学习能力。

这一点每个人都有感受，尤其是当自己学得一门新知识的时候，那种兴奋是发自内心的。而且，独立解决问题能给人带来更大的成就感和满足感。

2. 培养兴趣并不会耽误学习，只要掌握好度就能够对学习起到很好的调节作用。

我们常说"劳逸结合"，一些家长即使同意孩子玩，也限制孩子，这样根本就起不到放松的目的。只有玩那些自己喜欢的，才能体会到乐趣，身心才能得到真正的放松。

3. 自信是快乐的基础。

这和独立是一脉相承的，如果相信自己能做好，仅仅是相信就能产生一种动力和积极性，这是克服困难不可或缺的。而且，相信自己使人们不容易在遭遇挫折时让心情跌落到谷底，而是始终维持在一个水平线上，少许的波动对身心的冲击也是较小的。

4. 宽松的教育方式。

对青少年来说，叛逆的性格决定了他们的思维方式，尤其是在感受到外界压力的时候，他们就会本能地反抗，不管这种反抗是合理的还是不合理的。而这样的反抗和抵触，必然会把自己和学习放在对立面上，久而久之就会对学习产生一种"不待见"而不是"很想见"的感觉。

乐趣一旦产生，效率就会自动提高，而且压力会被排挤出去，这样的学习成绩想不提高都难。

做任何事情，都是依靠方法解决问题，完成任务的。没有方法，即使简单的事情也会浪费时间，还可能效果不佳。

针对学习而言，不是花费在学习上的时间长效果就一定好，学习成绩的提高靠的是正确有效的学习方法。有的孩子每天除了吃饭、睡觉、上厕所外，剩下的时间都用在了学习上，但是成绩依然不理想，就是因为没有找到正确的方法所致。别人十分钟解完一道题，他半个小时都未必能解完。而当别人完成一天的学习任务去玩耍的时候，他因为效率低把玩耍的时间也用在了学习上。长此以往的结果就是，耗得时间越长，越感觉不到乐趣，效率不升反降。

很多人容易混淆两个概念——"学会"和"会学"。"学会"是一种结果性的描述，比如，学会了踢球，学会了画画，表明掌握了一门新的知识。"会学"则是一种方法性描述，表明的是掌握了学会某种技艺

和知识的方法。

很多人的混淆在于，他们一旦学会一种知识，就自认为掌握了这门知识，以及其中的方法。这种态度往往导致人们只知皮毛，不能真正发挥用处。

比如，学会开车。学过开车的人都知道，学会起步、停车、辨识仪表、开车常识、交通法规，再通过驾驶技术考试拿到驾驶本就算是学会了。但是，会开并不等于开得好，很多车祸都是因为新手上路操作不当或者慌张导致的。只有开得次数多了，才能够准确地判断车距、路况、车况等一些问题。真正做到熟练驾驶的时候才能说是开得好。

而在走向熟练驾驶的过程中，掌握必要的方法是很重要的，这样就能提高效率、缩短适应的过程。比如，在倒车时如何判断车距，以什么为参照来判断；在靠边停车时参照什么能够做到距离路边30厘米，等等。这些既是长期实践的经验，也是一种方法。如果是自己摸索出来的方法，那前期需要花费较多的时间，但是一旦掌握这种方法，就不用再多花时间了。如果是别人告诉你的方法，只要适用你，加以借鉴运用，也会很省时省力的。

因此，对任何事情而言，找到方法都是解决问题的关键。针对学习而言，具体的学习方法因人而异，没有哪一种方法是可以包打天下的。所以，要根据自身的实际来找到适合自己的方法。但是，有一些问题是需要注意的，下面是一些帮助青少年找到学习方法的注意事项：

1. **自主学习。**

一定要培养自己自主学习的能力，最简单的理由是，学习是自己的事情，也是为自己将来的一种必要准备，依靠别人是没有用的，现在可以依靠，将来怎么办？而且，自主学习还可以培养探索兴趣，找到深入和提高的最佳支点，这样做既得到乐趣也得到成绩。

学习的"自主性"具体表现为"自立""自为""自律"三个特性。

每个人都具有求得自我独立的欲望，是其获得独立自主性的内在根据和动力；每个人都具有"天赋"的学习潜能和一定的独立能力，能够依靠自己解决学习过程中的"障碍"，从而获取知识。

自我探索往往基于好奇心。好奇心是人的天性，既产生学习需求，又是一种学习动力。自我创造性是学习更重要、更高层次的表现，在这种活动中，人头脑中的记忆信息库被充分调动起来，信息被充分激活起来，知识系统被充分组织起来，并使人的目标价值得到了充分张扬。

当然，自律性也是必不可少的，它是一个人对自己学习的自我约束性或规范性。这是自主学习最重要的保障。

2. 快乐地学习。

快乐地学习，不仅是从学习中找到乐趣，而且是用快乐的方法学习。比如，面对历史上众多的年代、地名、人名，死记硬背会很容易忘记和混淆，如果用一句顺口溜或者打油诗来记忆效果就会更好。

高中的学习生活是枯燥而紧张的，说不烦是假的，我的应对方法是尽量将学习和自己感兴趣的东西结合起来，以调剂心情。拿学英语来说，学语言是一件艰苦的事，需要耐心和毅力，需要兴趣来提供源源不断的动力。可以利用音乐、电影和网络帮助学习英语，看一部英语电影等于拥有了2~3小时的英语环境；可以在国内外英语学习网站或论坛搜集学习资料，交流心得；利用网络可以很容易下载最新的英语歌曲和电影……"看电影是大家都喜欢的事情，把学习英语和看电影结合起来，学习也就不再是枯燥的了，而且还能多学一些英语之外的知识。

还有比如，去英语角和其他同学交流，试着给电影配音，和同学一起编排英语小品……这样的方式使得英语学习不再枯燥，反而多了很多乐趣，有利于坚持下去。

3. 互助学习。

每个人的知识是有限的，同时又各有所长。在学习的过程中博采众长要比自己摸索省时省力。这种情况下，就可以和几个各有所长的同学组成互助学习小组，用自己擅长的帮助别人，用别人擅长的弥补和提高自己，这样既得到了全面提高，又节省了更多时间。

比如，有的同学遇到别的同学向自己求教，既担心教会了对方将自己比下去，又觉得为同学讲解题目浪费自己的学习时间。实际上，这是一种误区。清华大学制造自动化与测控技术专业的屈川认为，帮同学讲解题目的过程，正是对自己已获知识进行巩固的过程。在这个过程中，通过对知识进行回顾，对思路进行整理，你可能会发现同样一道题目有多种解法，有时还会发现一些自己从来没见过的新题型，有利于及时查缺补漏，对以前学过的知识进行系统复习。而且，在帮助同学时找到了一种在考试中非常重要的要素——信心。因此，他认为，帮助别人就是在提高自己。

4. 心理调节。

考试不仅是考验所学的知识，也是对心态的一种考验。我们常见到一些同学平时的成绩很好，可是在考试时因为紧张发挥不理想，很是可惜。因此，必要的心理调节是不可缺少的。

在高中阶段产生不良情绪是很正常的，自己进行心理调节的办法有三个：自我激励法、创造欢乐法、求助他人法。

自我激励法，就是树立一个远大的目标。心理研究表明，许多人之所以达不到自己的目标，是因为目标太小、模糊不清，不能激发自己的想象力，使自己失去动力。因此，确立一个既宏伟又具体的远大目标很重要。

创造欢乐法，就是在紧张的学习之余看一些喜欢的书籍，进行喜欢的运动，尽量多接触一些积极性的事物，快乐能击溃烦恼，也能获得新的动力和力量。

求助他人法，就是有苦闷别憋在心里，向知心朋友倾诉，就能减轻心理压力，心情会轻松不少。另外，老师和家长比自己的人生阅历丰富，坦诚与他们沟通，不要形成自我心灵壁垒。

此外，还可以用宣泄法和语言暗示法调整自己的心态，例如，不开心时可以大喊、痛哭、剧烈运动，经常对自己说"我一定成功！"等。

心灵悄悄话

学习必然会遇到难题，但是这种压力是外在的，而快乐的动力来自内在。就像一辆车的燃油，即使在风雨天行驶，遭遇浪大的阻力，路况也不好，但是只要车况良好，燃油充足，虽然开得慢点儿，还是照样能向前开进的。

读书破万卷

教科书上的知识只是一些基础知识，更多的知识需要通过课外来获取，阅读就是很好的获取课外知识的渠道。欧阳修说：**"立身以立学为先，立学以读书为本"**。人的一生是有限的，直接向别人学习的经验也是有限的，但是通过读书间接向别人学习则是趋于无穷的。阅读一本书，可以打开一个崭新的世界，可以深入一个人的内心，可以站在世界的制高点。

阅读的好处众多，最主要的是通过大量的阅读能够进行有效的知识积累，这是扩大知识面，获得更多知识，进行社会实践必要的一环。

教育家叶圣陶说："阅读是吸收，写作是倾吐，倾吐能否合于法度，显然与吸收有密切的联系。"写东西就靠平时积累，接触的文章多了，自然而然可用的语句也就多了，写起来便得心应手；读到一定程度时，更加熟悉各种表达方式，就可以做到锦上添花，把意思表达得更加圆满，即**"读书破万卷，下笔如有神"**。

当然，这是需要时间和过程的，阅读是一个采集零琼碎玉、日积月累的漫长过程。就像水滴石穿，一次两次看不出来有什么明显的变化，但是确实在变化，这样千百次变化地累加就有了质的变化。阅读就像是磨刀的过程，看起来好像耽误了砍柴的时间，但是快刀斩乱麻要比钝刀来得容易。所以，古人说：**"凡事预则立，不预则废"**。做任何事情都要有必要的准备，否则失败的风险更大。阅读既是一种准备，也是一种积累，而且积累的这个过程什么时候都省略不了，一开始做好了积累工作就省得以后花时间再补课了。

但是，阅读并不等于简单地拿着书读，也不是读得多就一定获取的知识多。有的人可能有过这样的体会，一本小说看完，竟然很多情节都不记得；一则故事看完，有时候竟然不能很好地复述出来。这就是无效阅读。如果阅读达不到获取知识的目的，那这样的阅读就是在浪费时间。而要想实现获取知识的目的，就要进行有效阅读。

那么，如何才能做到有效阅读呢？

1. 养成良好的阅读习惯。

阅读是一个积累的过程，就注定不是一蹴而就的，而是需要长时间的坚持，不养成习惯是做不到的。

叶圣陶说："语言文字的学习，就理解方面说，是得到一种知识；就运用方面说，是养成一种习惯。这两方面必须联成一贯；就是说，理解是必要的，但是理解之后必须能够运用：知识是必要的，但是这种知识必须成为习惯。""每一个学习国文的人应该认清楚：得到阅读和写作的知识，从而养成阅读和写作的习惯，就是学习国文的目标。"

阅读的习惯需要从小养成。犹太人的家庭长期流传着这样的传统：当小孩稍微懂事时，母亲就会翻开《圣经》，滴一点蜂蜜在上面，让小孩去舔带着蜂蜜的图书。其用意不言自明，让孩子从小就知道读书是一件甜蜜的事情。德国的一项研究表明，一个人在 13 岁最迟 15 岁前如果养不成阅读的习惯和对书的感情，那么他今后的一生中，将很难再从阅读中找到乐趣，阅读的大门可能会永远对他关闭。

当然，家庭、学校、社会营造阅读的良好氛围是有助于人们阅读习惯的养成的。另外，还有一些方法有助于养成阅读习惯，比如，每天固定一个时间阅读；随身携带一本喜欢的书；减少上网和看电视的时间；找一个安静的地方读书；做读书笔记；经常去图书馆；设立读书目标，等等。任何习惯的养成都必须坚持，所以，坚持阅读就能够养成阅读的习惯。

2. 快乐阅读。

有效阅读就要快乐阅读，有乐趣才愿意多读，才愿意坚持读。但是快乐阅读有一个前提，那就是不要有偏好。比如，有些人喜欢言情小说，所以总是找这类书读。不能说这类书对人没有一点儿好处，但是总是局限在某个方面，知识面就得不到拓展。而且，很多时候，重复性阅读就变成了一种浪费。

现就读于清华大学信息科学技术学院自动化系的闫龙就是凭着快乐阅读走进清华的。

闫龙还在幼儿时期，父母就给他买了不少图画配字之类的故事、成语、古诗、寓言等书籍，主要目的是培养他的读书兴趣。不要求他记住什么，只要他获得快乐就可以了。

从上二年级开始，父母就有意识地建议他读一些《格林童话》全集、《安徒生童话》全集、中国名著及世界名著等书；到了五六年级，建议他阅读《中华上下五千年》，并且要侧重记忆性阅读。

闫龙在小学时代还看了不少卡通书，和很多家长不同，闫龙的父母不会阻止，他们觉得卡通书对培养孩子的想象力很有帮助。

此外，父母还提出了一些具体的要求，比如，阅读《格林童话》《安徒生童话》时期，主要记忆故事情节和书中的人物，以此培养孩子"认真阅读"的习惯；到了阅读名著和《中华上下五千年》的时候，要求孩子用日记的形式写读后感。

要完成这样的要求，闫龙就必须聚精会神地阅读，久而久之，自己就懂得了认真、不马虎能提高记忆能力。在给大人讲故事时，他会有很大的"成就感"和快乐感，这对激励他继续努力是非常重要的。

考试前的紧张是难免的，闫龙会用"书疗"来调节紧张心理，减轻烦躁情绪。这个时候，他一般不会读新书，那样会有压力，他会读一些平时比较熟悉和喜欢的书，主要是为了放松。

珍惜——一寸光阴一寸金

3. 制订阅读计划。

制订正确的阅读计划并不是件容易的事，可以在老师、家长或其他有经验者的帮助下，不断修正，逐步明确。开始时，不妨将阅读目标制定得具体一些，主要为掌握各门功课而服务。随着知识的积累，读书目标可以考虑得长远些，不应把读书视为单纯地为学好课程服务，也不应被个人兴趣所左右，而应将阅读目标与人生目标联系起来。

阅读最忌乱翻乱看，要有目的地阅读。别林斯基说："阅读一本不适合自己阅读的书，比不阅读还要坏。我们必须学会这样一种本领，选择最有价值、最适合自己需要的读物。"

4. 要循序渐进。

读书治学的一大关键就是要循序渐进。就是按照一定的知识系统，由少到多，由浅入深，由基础到专业逐步学习的过程。循序渐进是治学的一条客观规律，阅读时必须严格加以遵循。

要做到循序渐进，就必须克服急于求成的不良阅读习惯。一个概念，一段文章，很少是一下子就能深刻掌握的。古人云："欲速则不达"，急于求成的结果必然是囫囵吞枣，不求甚解，甚至半途而废。

心灵悄悄话

阅读并不等于简单地拿着书读，也不是读得多就一定获取的知识多。有的人可能有过这样的体会，一本小说看完，竟然很多情节都不记得；一则故事看完，有时候竟然不能很好地复述出来。这就是无效阅读。如果阅读达不到获取知识的目的，那这样的阅读就是在浪费时间。而要想实现获取知识的目的，就要进行有效阅读。

第六篇　珍惜拥有的一切

世事变化无常，就像死亡我们无法逃避，也无从把握，那是我们人生所必然要到达的终点。

重要的是把生命当成一次旅行，不要忘了尽情地欣赏路边的美景，顺便采一束花来装点我们的生活，给我们的生命增加一点多彩的颜色。

因为，生命短暂也好，漫长也好，开始了就要一路奔向死亡。

智者说死亡不是一件急于求成的事，也不要一路奔跑企图逃避，不管你怎么逃避，它都在那儿等你。

所以放慢你的脚步，用心感悟一下生命的过程，从容地给单调的生命做一下润色。

珍惜幸福快乐的日子

一个清晨，在一列老式火车的卧车中，大约有六个男士正挤在洗手间里刮胡子。

经过了一夜的疲困，清晨通常会有不少人在这个狭窄的地方做一番漱洗。但是此时的人们多半神情漠然，彼此也不交谈。

就在此刻，突然有一个面带微笑的男人走了进来，他愉快地向大家道早安，但是没有人理会他的招呼，或只是在嘴巴上虚应一下罢了。之后，当他准备刮胡子时，竟然哼起歌来，神情显得十分愉快。

他的这番举止令某人感到极度不悦。

于是有人冷冷地、带着讽刺的口吻对这个男人说道："喂！你好像很得意的样子，怎么回事呢"

"是的，你说得没错！"男人如此回答着，"正如你所说的，我是很得意，我真的觉得很愉快。"

然后，他又接着说道："我只是把使自己觉得幸福这件事当成一种习惯罢了。"

养成幸福的习惯，主要是凭借思考的力量。

首先，你必须拟订一份有关幸福想法的清单，然后，每天不停地思考这些想法，其间若有不幸的想法进入你的心中，你得立即停止，并设法将之摒除掉，尤其必须以幸福的想法取而代之。

要知道，**心态决定思想**，好的心态决定你的思考向一个积极正面的**方向发展**。

此外，在每天早晨下床之前，不妨先在床上舒畅地想着，然后静静地把有关幸福的一切想法在脑海中重复思考一遍，同时在脑中描绘出一幅今天可能会遇到的幸福蓝图。如此以来，不论你面临任何事，你都能感受到幸福，你甚至能够将困难与不幸也转为幸福。相反地，倘若你再对自己说："事情不会进行得顺利的。"那么，你便是在制造自己的不幸，而所有关于"不幸"的形成因素，不论大小都将围绕着你。

思想引导习惯，习惯塑造人生。因此，在每天的开始即心存美好的期盼，是件相当重要的事。如此，许多事物才有可能向美好的方向。

在《如何利用潜意识》一书中，墨菲博士提到一名希望幸福快乐的男子：

多年以前，我在爱尔兰海岸康尼玛拉的一位农夫的家里住了一星期。这位农夫似乎时时刻刻都在唱歌、吹口哨又充满幽默感。我问他，他的快乐秘诀究竟是什么。他的回答是这样的："快快乐乐就是我的习惯。每天早晨我醒来之后，以及在每晚就寝之前，我总要祝福我的家人、农作物、牛具，并且感谢上帝赐给我丰收。"

另外，还有一个生活悲哀的妇人的例子：

有一位患有多年风湿病的英国妇人，她经常拍打着自己的膝盖说："我的风湿病今天严重得令我不能出门。它让我过着悲惨的生活。"

这位老妇人因此得到儿子、女儿及邻居的热心照顾。但她并没有因此而感到幸福和快乐。她已经习惯了自己所谓的"悲哀"，似乎并不真正想要幸福快乐。

如果你希望幸福和快乐，就必须真诚地渴望幸福和快乐。因为悲伤、失望久了，就会习惯于这种悲伤和失望，时时让自己沉浸在痛苦的情绪里。然而把痛苦紧紧地搂在怀里不忘，最终只会使我们最终被痛苦淹没。

林肯曾说："**多数人快乐的情形，跟他们所决心要得到的快乐差不**

多。"当你真心想要幸福和快乐的时候，你就会真的幸福和快乐起来。因为幸福快乐的心灵就像良药一样易使人康复，可以把你从那种悲伤失望的情绪中解救出来。所以让我们养成幸福的习惯，多想一些生活中愉快的事情，不要忽略生活中的点点滴滴，当把一些小小的喜悦聚在一起时，你就拥有了幸福的海洋。

 心灵悄悄话

思想引导习惯，习惯塑造人生。因此，在每天的开始即心存美好的期盼，是件想当重要的事。如此，许多事物才有可能向美好的方向。

珍惜生命沿途的风景

有一个人很害怕死亡。他想：死亡是在前面还是在后面呢？

最后他得出结论：死亡是从后面追赶而来的，要避免被死亡追上的唯一方式，就是走得更快速、更匆忙。

于是，他每天都行色匆匆，干什么事都加快了速度。有一位哲人看到他这样，不禁问他："你在追赶什么吗"这个人回答："我在逃避死亡。"

哲人再问："你怎么知道死亡在后面？"这个人又回答："逝者都是在向前逃命的时候被死亡追上的。"

哲人摇摇头说："你错了，死亡不是在起点追赶你，而是在终点等候你，无论你如何逃避，最后都会抵达终点……"

哲人还说："我曾经拜访过死神，他特别请我通知你别忙着逃避，多体味一下活着的滋味吧。"

世事变化无常，就像死亡我们无法逃避，也无从把握，那是我们人生所必然要到达的终点。重要的是把生命当成一次旅行，不要忘了尽情地欣赏路边的美景，顺便采一束花来装点我们的生活，给我们的生命增加一点多彩的颜色。

因为，生命短暂也好，漫长也好，开始了就要一路奔向死亡，智者说死亡不是一件急于求成的事，也不要一路奔跑企图逃避，不管你怎么逃避，它都在那儿等你。所以放慢你的脚步，用心感悟一下生命的过程，从容地给单调的生命做一下润色。

珍惜——一寸光阴一寸金

然而很多人总是踩着匆匆忙忙的脚步，往来于工作与家庭之间。他们常常无暇顾及路边正在吐绿的垂柳，草皮上渐渐泛绿的嫩芽，窗台上正在吐蕊的小花。**一贯地疲于奔命让我们忽略了周围的很多东西，试着放慢生活的节奏，你会发现我们平平淡淡的生活，也总有无数无比精彩的瞬间值得我们细细去品味。**

弗莱特说，要充分享受你的时间，就一定要学会放慢脚步。当你停止疲于奔命时，你会发现未被发掘了出来的美；当生活在欲求永无止境的状态时，我们永远都无法体会到更高一层的生活。

一对恋人坐车回乡下老家。一路上工作的疲惫和客车的颠簸使车上的其他人都有些无精打采，只有他们看起来精力充沛。尽管车窗外灰尘滚滚，他们却依然在高兴地欣赏着路边的风景。透过窗子，在不远的小山上他们发现了一片盛开着的迎春花。在灿烂的阳光下，迎春花显得异常烂漫。

女孩似乎被那乍现的春色吸引住了，她赶紧向司机请求道："请给我 5 分钟时间，只要 5 分钟!"司机答应了她的请求。

女孩跳下车，迅速朝着那盛开的迎春花的小山坡跑去。几分钟后，她握着一束写满春意的迎春花跑了回来。

男孩觉得不好意思，掏出 10 元钱给司机作为补偿，司机摆摆手说："给我几朵小花吧，回去我要送给我的妻子。"

诗人惠特曼说："人生的目的除了去享受人生之外，还有什么呢?"试着把自己的目光从繁忙的工作和琐碎的家务中挪开，踩着细碎的阳光去林荫小道的深处散散步；在静谧的夜空下，悠闲地躺在阳台的藤椅上，欣赏一下月里嫦娥的舞蹈，找寻一下属于我们的星座……用心去观察，用心去感受，你会发现，生活中的点点滴滴都能汇成一道美丽的风景。

放慢生活的脚步，把生命当作一次旅程，让心灵优雅地驻足，风景也好，爱情也罢，拥有就是幸福。不管前方是坎坷还是坦途，都不要忘了在前行的路上撒一些爱的花瓣，给生活平添几分诗意，让我们的心灵感到一丝惬意。

心灵悄悄话

世事变化无常，就像死亡我们无法逃避，也无从把握，那是我们人生所必然要到达的终点。重要的是把生命当成一次旅行，不要忘了尽情地欣赏路边的美景，顺便采一束花来装点我们的生活，给我们的生命增加一点多彩的颜色。

珍惜——一寸光阴一寸金

天堂无处不在

在这个平凡的小镇上，有一道美丽的玫瑰花墙——它足有半人多高，每到春天便开满了美丽的玫瑰花，它是这家的男主人克利夫先生生前种植的。可是，克利夫太太的脾气却很不好，她常常和克利夫先生为了一些琐事争吵。克利夫先生去世后，她的脾气更坏了，而且经常自己生闷气，因此镇上的人都尽量避免招惹她。

一个阳光明媚的午后，克利夫太太正坐在院子里小憩，玫瑰花墙上缀满了美丽的玫瑰花。突然，她被一阵窸窸窣窣的响声惊醒，睁眼一看，玫瑰花墙外有一人影闪过。克利夫太太厉声喝道："是谁？站住！"那人站住了——是个孩子。克利夫太太又喝道："过来！"那孩子慢慢地挪了出来。克利夫太太认出他是 7 岁的小吉米，住在街对面拐角处的穷孩子，他的身后似乎藏着什么东西。

"那是什么？"克利夫太太厉声问道，小男孩犹犹豫豫地把身后的东西拿了出来——一朵玫瑰花，一朵已经快要凋谢的玫瑰花，那耷拉着的花瓣显示出的它的虚弱。

"你是来偷花的吗？"克利夫太太严厉地问道。小男孩低着头，局促不安地搓弄着衣角，一言不发。克利夫太太有些不耐烦了，她挥挥手说："你走吧！"

这时，小男孩抬起头来，怯生生地问道："请问，我可以把它带走吗？"

"就是那朵快要凋谢的玫瑰花，似乎轻轻一碰，花瓣就会掉下来的玫瑰花？"克利夫太太有些奇怪，"那你先要告诉我，你要它干什么？"

"是……是的，送人，夫人。"

"女孩子？"

"……"

"你不应该送给她这样一朵玫瑰花。"克利夫太太的语气温和了些，"告诉我，你把它送给谁？"

吉米迟疑了一会儿，用手指了指不远处的一个小阁楼，那是他的家。克利夫太太这才想起他有一个5岁的小妹妹，一生下来就有病，一直躺在床上。

"你妹妹？"

"是的，夫人。"

"为什么？"

"因……因为妹妹能从床边的窗户看到这道玫瑰花墙，她每天都出神地看着这里。有一天，她说：'那里就是天堂吧，真想去那里闻闻天堂的气味啊！'"

克利夫太太怔住了——天堂这里——低矮的木屋。从前自己整天与克利夫为了一些琐事争吵，不停地抱怨这低矮的木屋、破旧的家具、难看的瓷器……一切的一切，自己无数次埋怨这里简直是可怕的地狱，而对克利夫种植的玫瑰花却从未留意过！

自己究竟错过了什么？错过了多少天堂，原来可以如此接近！生活在天堂里的你却从未留意。

有一个人历尽千辛万苦去寻找天堂，终于找到了。当他欣喜若狂地站在天堂门口欢呼"我来到天堂了"的时候，看守天堂大门的人一脸惊讶的样子，不禁问他："这就是天堂？"欢呼者顿时傻了："你天天在这儿，难道不知道这儿就是天堂？"

守门人茫然摇头："你从哪里来？"

"地狱。"守门人仍茫然。欢呼者慨然嗟叹："怪不得你不知道天堂何在，原来你没去过地狱。"

你若渴了，水便是天堂；你若累了，床便是天堂；你若失败了，成功便是天堂；你若痛苦了，幸福便是天堂……总之，若没有其中一样，你断然不会拥有另一样。当你为丢了双鞋而烦恼的时候，想想那些没有脚的人，你就会意识到你就生活在天堂。

天堂是地狱的终极，地狱是天堂的走廊。当你手中捧着一把沙子时，不要丢弃它们，因为——金子可能在其中蕴藏。

泽洛德说："幸福的花朵就生长在我们自己家里的炉边，不需要到陌生的花园里去采摘。"只要我们愿意停下脚步，仔细看看身边的人、身边的事，静下心倾听身旁的声音，关注他人的存在，我们就可以找到天堂。

一位老人，本来身板很结实，但一次意外的车祸使他断了双腿，成了残疾人。老人很痛苦，也很悲观。

老人不识字，也没有什么别的爱好，老人过去唯一的喜好就是扎风筝。现在为了不使漫长的日子过分难熬，他便让家人备了些材料，想借此以打发自己残余的生命。

然后，他就在家里里默默地、一只只地扎着风筝。风筝扎了很多，全堆在房间的一角。

春天到来后的一天，老人忽然发现堆放在墙角的风筝渐渐地少了，一问，原来是是被上小学的小孙子偷偷送给了班上的同学。

星期天，小孙子和他班上的同学将坐在轮椅上的老人推到了草坪上。在这里，老人看到满天的风筝，那满天的形状各异的风筝都是他扎出来的。近边的孩子们跑过来感谢他，还有的孩子不时在远处向他挥着手，激动地跑着、跳着、笑着。

在孩子们的欢笑声中，老人感到了一种前所未有的兴奋和激动。就在一刹那，老人发现了自己活着的意义。

当你有一天真实地认识到自己的价值时，你体味到了幸福；处于绝望的边缘的你，突然看到了希望的光芒，你也体味到了幸福。

哈蒙德夫人是位年迈的盲人，但她决心不依赖他人。每天黄昏独自外出散步，锻炼身体，呼吸新鲜空气。她用手杖触摸四周物体，时间长了就记住了它们的位置，因此也从未迷过路。

但有一天，她出去散步时，发现有人砍倒了她必经的那条路旁的松树，这下有些麻烦了。她的手杖触不到了那些熟悉的东西，她也听不到其他人的声音，不觉又往前走了两千米，却听到了脚下有水流的声音。

"水！"她大叫了起来，止住了脚步，"看来我迷路了，现在我十有八九站在一座桥上，我听说过本郡有条河，但不知道它的确切位置，我怎么才能从这儿回去呢？"就在这时传来一个男子友好的问话声。

"打扰了，我能帮您什么忙吗？"

"您心地真好！"哈蒙德夫人说，"太好啦，要不是幸运地碰到您的话，我真不知道怎么办才好，您可以帮我回家吗？"

"当然可以，"那男子答道，"您住哪儿？"哈蒙德夫人把地址告诉了他。

那名男子带她回到小屋后，老人热情地请他喝咖啡、吃糕点，并向他表示了深深的谢意。

"别谢我，我还想谢谢您呢！"他答道。"谢我？"哈蒙德夫人十分惊讶。

"哦！"那男子平静地答道，"实不相瞒，遇见您之前，我已在黑暗中站在那座桥上很久了，因为我决心跳到河里把自己淹死算了，但现在我再也不想这么做了。"

不管你遇上人生的挫折，还是受到了生命的考验，也不管你遭受了怎样的打击，对生命又是如何的绝望，但什么时候都不要忘记，幸福总有一天会在不经意间造访你。而且它也从来不预约，总是在不经意间来临，给你一个意外的惊喜。

一位盲人，在剧院欣赏一场音乐会，交响乐时而凝重低缓，时而明快热烈，时而浓云蔽日，时而云开雾散。盲人惊喜地拉着身边的人说："我看见了，我看见了山川，看见了花草，看见了光明……"

一个听力失聪的孩子，在画展上看到一幅幅作品。他仔细地看着，目不转睛，神情专注，忽然转身，微笑着对身边的父母说："我听到了，听到了小鸟在歌唱，听到了瀑布的轰鸣，还有风儿呼啸的声音……"

一位干部，因为人员分流，从领导岗位上退了下来，一时间萎靡不振，与以往判若两人。妻子劝慰他，仕途难道是人生的最大追求吗？你至少还有学历还有专业技术呀，你还可以重新开始你新的事业呀。你一直是个善待生活的人，我们并不会因为你不做领导而对你另眼看待，在我们的眼里，你还是我的丈夫，还是孩子的父亲，我告诉你亲爱的，我现在甚至比以前更爱你。丈夫望着妻子，久久不语，眼里闪烁着晶莹的光泽。

幸福其实是一个多元化的命题，我们时刻在追求幸福，而幸福也时刻在伴随着我们。相信你也会遇到幸福，让自己带着一颗随时会幸福的心，抬头挺胸地去生活，幸福的一刻很快就会来临！

心灵悄悄话

你若渴了，水便是天堂；你若累了，床便是天堂；你若失败了，成功便是天堂；你若痛苦了，幸福便是天堂……总之，若没有其中一样，你断然不会拥有另一样。当你为丢了双鞋而烦恼的时候，想想那些没有脚的人，你就会意识到你就生活在天堂。

简单平凡的快乐

从前，在迪河河畔住着一个磨坊主，他是英格兰最快乐的人。他从早到晚总是忙忙碌碌，同时还会像云雀一样快活地唱歌。他是那样的乐观，以至于其他人也都随之乐观起来。这一带的人都喜欢谈论他愉快的生活方式。终于，国王听说了他。

"我要去找这个奇异的磨坊主谈谈，"国王心想，"也许他会告诉我怎么样才能快乐。"

他一迈进磨坊，就听到磨坊主在唱歌："我不羡慕任何人，不，不羡慕，因为我要多快乐就有多快活。"

"我的朋友，"国王说，"我羡慕你，只要我能像你那样无忧无虑，我愿意和你换个位置。"

磨坊主笑了，给国王鞠了一躬说："我肯定不和您调换位置，先生。"

"那么，告诉我，"国王说，"什么使你在这个满是灰尘的磨坊里如此高兴、快活呢？而我，身为国王，每天都忧心忡忡，烦闷苦恼。"

磨坊主又笑了，说道："我不知道您为什么忧郁，但是我能告诉您，我为什么高兴。我自食其力，我爱我的妻子和孩子，我爱我的朋友们，他们也爱我；我不欠任何人的钱，我为什么不应当快乐呢？这里有条小河，每天它使我的磨坊运转，磨坊把谷物磨成面，养育着我的妻子、孩子和我。"

"不要再说了，"国王说，"我羡慕你，你这顶落满灰尘的帽子比我这顶金冠更值钱，你的磨坊给你带来的，要比我的王国给我带来的还要

176

多。如果有更多的人像你这样，这个世界该是多么美好的地方。"

金钱并不能成为快乐的保证，如果你不懂得什么是快乐的话，你永远不会得到幸福。**幸福来自快乐的交流和心灵的融洽，生活中越是简单的事物越能给我们带来快乐与满足。**

最近，读到一份介绍冰岛的资料：

冰岛位于寒冷的北大西洋，约13%的土地为冰雪覆盖，也是世界上活火山最多的国家之一，堪称"水深火热"！冬天更是漫漫长夜，每天有20小时是黑夜，可谓"暗无天日"！

可就是这样一个阳光不沛、物质不丰、覆盖着冰与火的国家，竟然是世界上最快乐的地方，更让人惊奇的是冰岛的死亡率位于世界之末，人均寿命却居于世界之首。

生活在如此恶劣环境下的冰岛人，为什么死亡率位于世界之末而人均寿命居于世界之首呢？

带着这个疑问，美国一个名叫盖洛普的民意测验组织，对世界18个国家的居民做了一次抽样调查，结果表明，冰岛的居民是世界上最快乐的人。参与测试的27万冰岛人，82%的人都表示满意自己的生活。

原来，冰岛人长寿的秘诀是快乐，对于他们来说，快乐就是最好的药。也许是恶劣的环境，艰难的生存造就了冰岛人友爱、坦诚、善良的心地；也许是人们对快乐的认识各有不同，但至少有一点可以断定，快乐并不是建筑在物质基础之上。

快乐就像博大仁慈的太阳，不分贵贱洒在每一个人的身上。**一个人得到满足的时候，他就能感受到快乐的存在；一个人不知满足，他就感受不到快乐的存在。**

这个世界上，真正的幸福快乐其实很少见，也许这种人根本就不存在，而心满意足者则随处可见。

快乐其实很简单，让自己要求的少一点，对生活的满足多一点，让自己的心再善良一点，让自私在心理占据的位置再小一点，摒弃一些生活的烦琐芜杂，让自己生活得再简单一点，这样快乐就会一直在你身边。

心灵悄悄话

金钱并不能成为快乐的保证，如果你不懂得什么是快乐的话，你永远不会得到幸福。幸福来自快乐的交流和心灵的融洽，生活中越是简单的事物越能给我们带来快乐与满足。

珍惜——一寸光阴一寸金

享受生命的过程

　　一个很穷的小伙子出去做工，路上，他捡到一个神奇的葫芦——可以满足他的三个愿望。

　　"如果我现在能立刻变得富有该多好。"话音未落，小伙子就有了很多很多的钱。

　　这时候他又想起自己心爱的姑娘，"如果她能马上变成我的妻子该多好。"他刚许完愿，姑娘果然就成了他的妻子。

　　有这么多的钱，总得有人来继承才好啊。小伙子心想着。"我不能再等了，我现在就希望有很多孩子可以继承我的产业。"小伙子又许了一个愿。这样他就有了很多孩子。

　　所有的过程都被简化了，他立时就拥有了想要的一切。他高兴极了，可突然发现他现在已经是个老头子了。"噢！不！"他捧着那个神奇的葫芦哭了起来，"请求你让我变回原来的样子吧，我还是想每天去做工，晚上瞒着她的父母偷偷地约我的姑娘出来见面，牵着她的手在树林里散步，天哪，还是让这一切慢慢地来吧。"但葫芦突然不见了，他后悔也没有用了。

　　生命是一个过程，过程是一种不可缺少的美丽。在这个过程中我们体验追求的快乐与苦涩，品味每一分钟的生命历程，感受生命中的每一个甜蜜甚至痛苦的时刻，不管最后我们收获的是成功还是失败，我们都无怨无悔，因为我们真真实实地享受了生命中的每时每刻。

　　享受生命的过程，就拥有一次参与。坐井观天的，不是人生；青灯古庙的，不是人生；参与进取的人生才是快乐而真实的人生。风吹雨打我们都见过，酸甜苦辣我们都尝过——生命中多了一次参与就多了一次激情的冲动，而享受冲动时的快乐，是那些生活在浅水滩前徘徊观望的人们无法得到的。

多少人错失他们眼前的生活，只因他们正在回忆过去，猜度未来。让你的知觉保持敏锐吧，享受当下的快乐，让你能够在它们新鲜的时候品尝和欣赏。生命的价值不在于活多久，而在于怎么活，就像一位诗人说的：**"灿烂生命充实的一小时抵得过庸庸碌碌的一辈子。"**

生命的意义在于创造，如果忽略了创造的过程，丧失了创造的能力，生命也就成了一种累赘，失去了创造活力的生命只会更快地走向枯萎。我们要学会珍爱生命的每一天，要学会品味生命过程的美，拒绝那些不必要的牵绊，用我们自己的双手去创造我们只有一次的生命。

生活就是如此，有些人再富足，拥有得再多，他也自豪、快乐不起来，因为在他生命的长河里，他缺少艰难的创造和拼搏的浪花；而有些人再苦、再累、再困顿，但奋斗了，所以他幸福，他快乐，因为他是生活的主人，他用自己的力量留下了独属于自己的生命轨迹。

流星的光辉来自星体的摩擦，珍珠的璀璨来自贝壳的眼泪，人生就是一种经历，痛苦、欢乐、失去、收获、落寞、辉煌……只有经历了才能对生命过程细细地去品味，也才能活得更充实、更丰富，我们获得的快乐才能从里到外一甜到底。

🦋 心灵悄悄话

生命是一个过程，过程是一种不可缺少的美丽。在这个过程中我们体验追求的快乐与苦涩，品味每一分钟的生命历程，感受生命中的每一个甜蜜甚至痛苦的时刻，不管最后我们收获的是成功还是失败，我们都无怨无悔，因为我们真真实实地享受了生命中的每时每刻。

珍惜美好的生活

西班牙人斯帕那，是明斯特大学公寓的管理员，负责公寓的日常管理。他们一家五口就住在全楼唯一一套四室一厅中，因此整个楼里的房客都众口一词地唤他"房东"。

斯帕那矮而壮实，一头短短的亚麻色头发发，有典型的西班牙人的开朗性格，说话嗓门很大。他来德国打工已有好长时间了，三个孩子都生在德国，德语说得比西班牙语都好。斯帕那对这一点很无奈，双手一摊说："看来回不去了。"是的，回不去了，孩子们都上了学，斯帕那夫妇也度过了人生最好的时光。

斯帕那一直说自己是穷人。他的口头禅是："我的上帝，没钱。"即使在一年中为数不多的好日子里，比如他的生日、圣诞节、复活节、元旦等，也要说上好几遍。

上帝好像和斯帕那较上了劲儿，并不因他唠叨就给他一点惊喜，例如让他中次彩票什么的；他也不因上帝毫无反应就停止唠叨。

唠叨归唠叨，斯帕那在行动上却不敢怠慢：公寓管理员的活很轻松，无非就是打扫清洁、莳弄花园之类，斯帕那把这些活儿全让给了妻子，自己另找了一份工作，每天定时上下班。即使是这样，他们家还是很穷，他们全家整年地待在明斯特，甚至连回西班牙老家的计划也年复一年地拖了下来，只能羡慕地看着别人去外地或外国度假。

但斯帕那却并没有因为穷而放弃享受生活。

初夏的一天，有学生看到他在花园的水池边挖坑，就问他干什么。他一脸诡秘地笑着说："别问，你会有个惊喜。"他这样回答每个人，他妻子也这样回答，弄得全楼的住户都在猜，竟然有想象力丰富的法国人杰克怀疑他可能搞到了中世纪的藏宝图在探宝。一时间，楼里充满了猜测的神秘和兴奋的想象。

三天后，水池边出现了一个长三米多、宽两米多的沙坑，里面铺满了黄澄澄的沙子。谁也不知道斯帕那挖它派什么用场，斯帕那不作任何说明，仍以诡秘的微笑作答。众房客都有些泄气了，杰克耸耸肩说："做些莫名其妙的事，是西班牙人的爱好。"

然而惊喜却真的来了。一个阳光灿烂的周末，斯帕那穿着沙滩装躺在那个大沙坑里，耳朵里塞着WALKMAN耳塞在看书，玫瑰花丛边有张小桌子，放了可乐和饼干，斯帕那太太也穿了泳衣，还抹了防晒油，虽然德国北部夏日的阳光只能算温暖，远不能说强烈。

楼里一下轰动了，人们纷纷探出头来，就连丽贝卡那位终日在实验打发时光的先生也动了心："看不出这笨头笨脑的斯帕那花样还挺多，不过，阳光那么好，我们也出去坐坐吧。"

斯帕那似乎提醒了众人：阳光很好，不要辜负了它。大家纷纷走进花园，或躺或坐在草地上，惬意地沐浴着阳光，看书、聊天，就连几乎从不进花园的日本教授小岛先生也参加进来，还拿来日本清酒和糖果请大家。

英国学生爱德华问斯帕那感觉怎么样，他得意地说："我想在加勒比也就是这样吧。"

大家哄地笑起来，杰克说："如果一样的话，你何必还要老想着去加勒比晒太阳呢？"

斯帕那叹口气说："去加勒比度假是我一生的梦想，还不知道上帝让不让我实现它，可是不管怎么样，不能因为穷就不好好地享受生活。"

是啊，斯帕那虽然穷，但他的生活却快乐而幸福，人们总能听到他们全家的大笑声；周末，他们一家会驾车去森林里兜兜风、散散步；节日里，斯帕那太太会烤香喷喷的大蛋糕请房客们分享；逢到大减价，他

珍惜——一寸光阴一寸金

们也会全家出动，"疯狂"购物……

尽管生活会给我们带来种种烦恼，但重要的是要学会发现和享受生活的美好。博大而仁慈的太阳，总是不分贵贱地恩赐到每个人的身上，我们又何必把生活看得太严肃，让生活失去了其应有的价值呢？

不能因为穷就不好好享受生活，要懂得从生活中寻找乐趣，那样才不会觉得生命充满压力和忧虑。只要灿烂的阳光还照耀在我们身上，不管是不是在加勒比，我们都要好好地去享受，认真地去度过美好的生活。

罗丹说：**"美是到处都有的，对于我们的眼睛，不是缺少美，而是缺少发现。"**

生活中处处都有小小的喜悦，也许是一轮美丽的落日，雨后的一道彩虹，一片飘落的红叶，冬日里的洋洋洒洒的飞雪，都能让我们体会到生而自由的喜悦。这许许多多点点滴滴、单纯的快乐都值得我们去细细品味、去咀嚼，值得我们感激一生。也就是这些小小的快乐，让我们的世界更可亲，让我们的生命更真实，更让人眷恋。

小李在读师范时，曾在省报写了一则小文，得了 3 元钱稿费。很多同学要小李请客，小李很为难，才 3 元钱，买什么好呢？班上的生活委员说："这容易，把钱给我吧。"当天下午，他在黑板上写出通知：本班某某为庆祝处女作发表，定于本周周末，请全班同学进城看电影，并招待冰棍一支。

全班同学一片雀跃，像过节一样等待周末到来。学校离城 4 千米，大家都是走路去，走路回，一路欢天喜地。后来生活委员找小李结账：电影票每张 5 分，冰棍每支 2 分，全班 42 人，共开支 2 元 9 角 4 分。"还剩下 6 分钱，给你。"

那次请客，同学们都很高兴，许多年以后，还有人说，那一回小李给了他们一个快乐的周末，小李自己也高兴了好久。后来，小李也曾多次请客，请吃请喝，花费也大，但从来没有那样快乐过。为什么呢？

因为那次请客，是乐在简单。

有一位老师教小学生写作文，题目是《快乐是什么》。一个小女孩写道："快乐就是寒冷的夜晚钻进厚厚的被子里去，快乐就是让自己快乐。"是的，快乐就是让自己快乐，快乐就是那么简单。

《平安之路》一书的作者思齐·纳特指出："我们并不需要死后才进天国。只要我们活着，用心灵呼吸，拥抱着一棵美丽的树，我们其实就在天国。当我们呼吸，感觉传递到身体的每一处时，我们便到了天堂。心灵的平安随时可得的，只要伸手触摸。当我们真正活着，我们会看见树是天堂的一部分，我们也是天堂的一部分。整个宇宙都在向我们表达此意，为何还要不为所动呢？为何还要浪费精力，去砍伤那些美丽的天堂之树呢？让我们清醒地呼吸，如果想进入地球上的天堂，请我们拥有平安，所有的一切便成为真实。"

快乐是生活的赐予，我们谁都可以拥有，它不用钱买，但也不是俯拾皆是。**一个人真正快乐与否，取决于他对待事物的态度。**不用刻意去寻找，快乐之源始终存于我们的内心。只要我们热爱生活，用一颗热情的心去拥抱生活，我们就会无时无刻不被快乐包围。

心灵悄悄话

不能因为穷就不好好享受生活，要懂得从生活中寻找乐趣，那样才不会觉得生命充满压力和忧虑。只要灿烂的阳光还照耀在我们身上，不管是不是在加勒比，我们都要好好地去享受，认真地去度过美好的生活。